DOCUMENTS

RELATIFS AUX

BARRAGES DE LA HAUTE SEINE

1866

PARIS
IMPRIMERIE DE RENOU ET MAULDE
Rue de Rivoli, 144

Paris, le 24 Décembre 1864.

Proposition pour canaliser, en 1865, la Seine et une partie de l'Yonne, en se servant des barrages terminés.

A Son Excellence le Ministre de l'Agriculture, du Commerce et des Travaux publics.

Monsieur le Ministre,

Achèvement des 14 barrages, dont 12 sur la Seine et 2 sur l'Yonne.

J'ai eu l'honneur d'annoncer à Votre Excellence, dans mon compte moral de cette année, que les douze barrages étagés entre Paris et Montereau sur la Seine, pour sa canalisation, étaient terminés. Ces barrages ont été essayés sous de grandes charges d'eau, et les résultats de ces effets ont été satisfaisants, tant au point de vue de la solidité des ouvrages que de la hauteur des remous qu'ils produisent. Toutefois, les arrière-radiers de quelques uns sont encore à compléter ; mais, comme les enrochements à ajouter pour ce complément peuvent l'être avant le printemps prochain et que d'ailleurs l'usage que je propose de faire de ces barrages n'est pas de nature à produire des affouillements sérieux, on pourra s'en servir dès le commencement de l'année prochaine.

Les barrages de Cannes et de la Brosse, sur l'Yonne, qui font suite à ceux de la Seine, sont également achevés, sauf les arrière-radiers qui peuvent être terminés au printemps prochain. On peut donc les employer en même temps que ceux de la Seine.

Au moyen de ces 14 barrages, on obtiendra un mouillage minimum de 1^m60 sur 120 kilomètres de rivière, dont 100 kilomètres dans la Seine et 20 à peu près dans l'Yonne.

Mouillage produit par ces barrages.

Les expériences que j'ai faites sur la Seine donnent lieu de penser qu'on aura, même à l'époque des plus basses eaux, plus de 1^m60 de mouillage ; on pourra compter sur 1^m70.

Toutefois, on n'aura pas cette profondeur entre le barrage du Port-à-l'Anglais et le canal Saint-Martin, tant que les travaux projetés dans Paris ne seront pas exécutés ; il résulte du relevé des hauteurs d'eau qu'à l'époque des basses eaux le mouillage sera de 1^m10 sur le busc de l'écluse du Port-à-l'Anglais et en lit de rivière, de 1^m055 sur le busc de l'écluse de Charenton, et de 0^m85 sur le busc de l'écluse du canal Saint-Martin.

Suivant moi ce mouillage ne sera jamais moindre, parce que les affameurs qui ont causé des dépressions fâcheuses dans le niveau de la Seine à Paris, en 1863 et surtout en 1864, disparaîtront avec les éclusées actuelles dans le lit de la Seine, qui devront être, sinon complétement supprimées, du moins complétement modifiées, si les propositions qui font l'objet de ce rapport sont approuvées. Je crois facile de le prouver.

La fermeture des barrages aura pour effet de paralyser l'action des affameurs dans Paris.

Supposons, en effet, que les 14 barrages de la Seine et de l'Yonne soient fermés pendant toute la période des basses eaux et que les biefs qu'ils forment soient complétement remplis, il est évident que dans cette hypothèse le débit des rivières, quel qu'il soit, se fera par dessus et à travers les barrages sans produire de dépressions sensibles dans le niveau des biefs, et, par conséquent, qu'en aval du barrage du Port-à-l'Anglais le niveau de l'eau ne variera qu'en raison même du débit de la rivière ; mais il ne descendra pas au-dessous de $1^{m}10$ mesurés sur le busc d'aval de l'écluse de ce barrage, puisque ce mouillage correspond au plus petit débit de la Seine, même pendant les affameurs causées par les retenues de l'Yonne, avant l'exécution des barrages dans le lit de la Seine. Si donc on maintient fermés les barrages de la Seine pendant toute cette période, le mouillage en aval du barrage du Port-à-l'Anglais sera nécessairement de $1^{m}10$ au moins.

Il sera également évident que, par la même cause, l'effet des affameurs de l'Yonne diminuera à mesure que le nombre des barrages de cette rivière augmentera à partir de Montereau, si on les tient constamment fermés et que le mouillage en aval du Port-à-l'Anglais augmentera d'autant plus que cet effet se fera moins sentir.

Mais peut-on supprimer actuellement les éclusées dans le lit de la Seine et progressivement dans le lit de l'Yonne, à l'époque des basses eaux ? Telle est la question à examiner.

De la suppression des éclusées dans le lit de la Seine et dans les parties de l'Yonne, à mesure qu'elles seront canalisées. Tempérament à adopter pendant quelques années.

Si tous les barrages de l'Yonne étaient terminés jusqu'au canal de Bourgogne, je n'hésiterais pas à répondre affirmativement que les éclusées doivent être supprimées sur l'Yonne et la Seine, depuis La Roche jusqu'à Paris, puisque les immenses travaux entrepris sur ces rivières ont pour but de substituer à la navigation intermittente actuelle une navigation continue avec un mouillage minimum de $1^{m}60$. Malheureusement les barrages de l'Yonne ne sont pas tous achevés, et jusqu'à ce qu'ils le soient on est forcé d'avoir recours aux éclusées pour naviguer sur cette rivière depuis La Roche (embouchure du canal de Bourgogne) jusqu'à Montereau. Cette circonstance contraint donc l'Administration à adopter momentanément un expédient qui puisse concilier les intérêts engagés dans la navigation intermittente de l'Yonne avec ceux que fera naître une navigation continue sur la Seine, de telle sorte que les trains et bateaux apportés par les éclusées de l'Yonne puissent s'écouler sans encombre et sans de trop grands retards à travers les retenues des barrages de la Seine et de la partie de l'Yonne canalisée.

Importance du trafic du flottage de la navigation de l'Yonne et de la Seine.

Le trafic de toute la Seine a été, en 1863, de 1,660,000 tonnes.

Celui de l'Yonne à Montereau a été de 491,480 tonnes.

Ce trafic se décompose ainsi :

Flottage des trains...............	290,000 tonnes,
Bois à brûler voiturés par bateaux..	136,000 —
Marchandises diverses............	65,080 —
Total comme ci-dessus.....	491,080 tonnes.

Ainsi le trafic du flottage des trains de la rivière l'Yonne n'est pas le cinquième du trafic de la Seine entre Paris et Montereau.

Il est représenté par........................ 290,000 tonnes, tandis que la batellerie l'est par............ 1,370,000 —

Si du chiffre total de 1,660,000 tonnes on retranche le trafic de la Marne, qui a été, en 1863, de 235,000 tonnes, il reste pour la Seine, entre Montereau et le barrage du Port-à-l'Anglais, 1,435,000 tonnes dans lesquelles le flottage entre pour... 290,000 tonnes, et la batellerie pour......................... 1,135,000 —

C'est-à-dire que le flottage fournit à la Seine le quart (1/4) des marchandises qu'elle transporte entre Montereau et le Port-à-l'Anglais.

Ces chiffres sont significatifs.

Il faut ménager, sans aucun doute, les intérêts de l'industrie du flottage, mais on ne peut admettre qu'on ajourne à cause d'eux la canalisation de la rivière dont la batellerie tirera de si grands avantages.

Avantages que la batellerie tirera de la canalisation de la Seine.

A l'époque des basses eaux, les bateaux naviguent sur l'Yonne et la Seine avec un demi-chargement et avec un équipage qui, à un homme près, est le même que pour un bateau complétement chargé; dès lors les frais de transport, à part ceux de traction, sont à peu près doublés.

Lorsque la rivière est libre, les frais de traction sont nuls à la descente; sans doute il n'en est pas de même dans une rivière canalisée. mais, quels qu'ils soient, ils ne peuvent être comparés à ceux d'une navigation à mi-charge avec des courants rapides et un mouillage constamment variable qui exposent les bateaux à tant de dangers.

Les bateaux qui remontent la rivière ne portent en moyenne que le tiers d'un chargement, parce qu'ils voyagent dans les instants où les affameurs causent au niveau des eaux une forte dépression ; il s'en suit que les prix pour la montée sont chers, puisque les frais faits pour la coque vide se répartissent sur un petit nombre de tonnes voiturées.

Il est donc évident que la batellerie retira de grands avantages de la canalisation de la rivière.

Cependant, je le répète, on ne peut pas renoncer maintenant, sur la basse Yonne, dont les travaux sont inachevés, aux éclusées et à la navigation intermittente qui en est la conséquence, quoiqu'elle doive avoir, dans les circonstances présentes, l'immense inconvénient d'apporter quelquefois, presque subitement en un point de la rivière, une grande quantité de trains et de bateaux qui, sans un expédient, y produira inévitablement quelques encombrements.

Moyens de ménager les intérêts de la batellerie et du flottage, jusqu'à l'achèvement complet des travaux de l'Yonne.

Je crois possible de ménager suffisamment les intérêts du flottage et de la batellerie en ayant recours aux dispositions suivantes :

Les éclusées de l'Yonne se feront comme par le passé, et les trains et bateaux qu'elles amèneront se réuniront dans le bief du barrage de la Brosse (le dernier des barrages achevés de l'Yonne à partir de Montereau).

Ce barrage et tous ceux en aval, jusqu'à Paris, seront fermés si les eaux ne sont pas assez élevées dans la Seine libre.

Les bateaux arrivés à la Brosse avec un chargement incomplet l'achèveront, s'engageront ensuite dans les écluses accolées aux barrages et descendront enfin de bief en bief jusqu'à Paris.

Si les trains sont en petit nombre, ils feront comme les bateaux et franchiront successivement toutes les écluses jusqu'à Paris.

Peut-être pourrait-on déflotter les bois et les charger en bateau pour les conduire à leur destination.

Sur les canaux de Bourgogne, du Nivernais et du Loing, sur celui de Troyes et la dérivation de Marcilly à Nogent-sur-Seine, les trains sont hâlés et passent par les écluses ; ma proposition de haler les trains sur la Seine n'a donc rien d'insolite.

Si les éclusées amènent un grand nombre de trains et de bateaux, ainsi que cela a lieu actuellement dans les mois de juin, juillet et août, on préviendra l'encombrement en ouvrant quelquefois et successivement les barrages depuis la Brosse, sur l'Yonne, jusqu'à Ablon, sur la Seine.

Supposons que l'on ait fait une de ces manœuvres et suivons-en l'effet.

On ouvre le barrage de la Brosse (Yonne), le flot pénètre dans la retenue du barrage de Cannes, le trop plein passe par dessus ce barrage, mais le bief est rempli, les trains franchissent le barrage de la Brosse et entrent dans le bief du barrage de Cannes où ils s'amarrent à 500 mètres au moins en amont de ce barrage. Dès que les eaux se sont abaissées sur le seuil du barrage de la Brosse d'une quantité déterminée à l'avance, par exemple jusqu'à 1 mètre au-dessus de ce seuil, on referme ce barrage et les trains qui n'ont pas profité du flot restent en gare, soit pour attendre le flot prochain, soit pour prendre des mesures qui leur permettent de passer dans l'écluse de la Brosse.

Aussitôt le barrage de la Brosse fermé, on ouvre celui de Cannes (Yonne). Le trop plein du flot passe par dessus le barrage de Varennes (Seine) tout en laissant le bief de Varennes complétement rempli; les trains franchissent le barrage de Cannes, entrent dans le bief de Varennes et s'y amarrent à 500 mètres au moins en avant du barrage.

On ferme le barrage de Cannes quand il n'y a plus qu'un mètre de mouillage sur son seuil, et on ouvre celui de Varennes.

La même opération se poursuit jusqu'au barrage d'Ablon (Seine), qui verse dans le bief du barrage du Port-à-l'Anglais une partie des eaux de sa retenue et les trains qui y sont descendus.

Le barrage du Port-à-l'Anglais ne sera pas ouvert, j'en dirai plus loin le motif; les trains s'amarreront donc dans son bief et y attendront leur tour de passage pour se rendre à Paris ou au-dessous de Paris.

On voit qu'en agissant ainsi on ne peut produire en aval des barrages des affouillements sérieux, lors même que les arrière-radiers ne seraient pas complets, ainsi que je l'ai dit au commencement de ce rapport.

Je calcule que l'on pourra faire descendre 200 trains à chaque manœuvre.

Le nombre total des trains n'étant actuellement que de 2,200 par an, on doit compter que 1,000 trains s'écoulent, soit par la rivière libre à l'époque des bonnes eaux, soit par les écluses des barrages ; conséquemment, on n'aura plus que 1,200 trains à faire passer au moyen de l'expédient que je viens d'indiquer. Six ou sept lâchures suffiront donc. Il conviendra probablement d'en faire une tous les quinze jours pendant les mois de juin, juillet et août, c'est-à-dire à l'époque où le flottage est le plus actif.

Ces lâchures nuiront, sans aucun doute, à la marche de la batellerie à cause de l'abaissement que leur passage produira dans le niveau des biefs, mais je crois qu'il sera promptement réparé au moyen des éclusées de la petite Seine, si on a le soin de fermer les barrages avant que la moitié du flot ne soit écoulée ; en fait, la batellerie ne souffrira donc que très-peu de ces lâchures si elles sont bien dirigées.

Le bief du barrage du Port-à-l'Anglais servira de gare aux trains et aux bateaux en amont de Paris.

Le commerce manque de gares entre le Port-à-l'Anglais et Paris, surtout depuis que la Compagnie des Magasins généraux a établi des ports sur la rive droite de la Seine vis-à-vis des ports d'Ivry. On rendrait donc au commerce un service réel en mettant à sa disposition, comme gare, le bief du barrage du Port-à-l'Anglais, dont la largeur dépassera 200 mètres et la longueur un myriamètre. Dans cet immense bassin, les bateaux seraient allégés par un transbordement pour se mettre à la tenue du mouillage de la Seine en aval du barrage, et les trains attendraient aisément leur tour de passage à l'écluse.

Il résulte, d'ailleurs, d'expériences faites en 1864 qu'une lâchure provenant de l'ouverture du barrage du Port-à-l'Anglais produisait dans Paris une crue subite de 0m70 à 0m75 de hauteur, dont les effets étaient des plus fâcheux pour la batellerie en stationnement, et que l'affameur qui lui succédait quand on refermait le barrage occasionnait dans le niveau des eaux une dépression non moins nuisible que la lâchure.

Il est donc très-utile, sous tous les rapports, de tenir fermé le barrage du Port-à-l'Anglais tant que la rivière n'a pas naturellement un mouillage de 1^{m}60; seulement il faudra souvent faire fonctionner son écluse pendant la nuit, afin de satifaire aussi rapidement que possible aux exigences du commerce, quoiqu'elle ait 12 mètres de largeur et 180 mètres de longueur de sas. Des auxiliaires adjoints à l'éclusier titulaire et au besoin aidés par les flotteurs et les mariniers suffiront à tous les besoins, le calcul suivant le démontre surabondamment :

L'écluse peut contenir 4 trains et 8 bateaux; on met une demi-heure pour sasser un de ces convois; donc en une heure on fera passer 8 trains et 16 bateaux, et en 10 heures de travail effectif 80 trains et 160 bateaux. On peut donc admettre, en tenant compte du temps perdu à chaque passage, qu'on éclusera en 24 heures 100 trains et 200 bateaux; d'où l'on conclut que si l'on était obligé d'écluser toutes les embarcations qui circulent sur la Seine en un an, et dont le nombre est de 24,000 bateaux, y compris 2,200 trains, on pourrait le faire en 132 jours, dont 110 jours pour les bateaux et 22 pour les trains.

Mais, sur ces 24,000 embarcations, 6,000 au moins passeront par la rivière libre, de sorte qu'il ne restera plus à écluser que 18,000 embarcations, pour lesquelles il suffira de 100 jours.

Au reste, lors même que dans cet aperçu on se serait trompé du simple au double, on voit que les éclusées suffiront complétement au débit du trafic de la rivière.

Ce calcul démontre également qu'on pourrait se dispenser de faire des lâchures pour assurer le prompt écoulement des trains, si l'on ne craignait pas qu'un trop long séjour dans l'eau ne compromît la solidité de leurs attaches exclusivement composées de harts ou rouettes.

Traction des bateaux. Les trains et les bateaux doivent être halés dans les parties des rivières qui sont canalisées. J'ai déjà fait remarquer que ce halage avait lieu sur les canaux qui font partie du bassin de la Seine, mais je crois qu'il y aurait avantage à se servir, sur la Seine et sur l'Yonne, de moteurs plus énergiques que ceux qui sont employés sur les canaux.

Les bateaux sont actuellement remontés sur la Seine par le touage, dont l'établissement date de 1856.

La Compagnie pourrait employer les toueurs pour tirer les trains et les bateaux à la descente ; suivant moi, elle peut même y être contrainte. On lit, en effet, dans les tarifs à percevoir pour la traction (Ordonnance de police du 20 janvier 1859) :

« Pour un bateau vide ou chargé (à la descente), entre l'écluse de « la Monnaie et Montereau, il sera payé le quart des prix ci-dessus « indiqués pour la remonte. »

Au reste, rien ne s'oppose à ce que de nouveaux services de traction, soit par chevaux, soit par vapeur, soient organisés ; la réserve en est expressément faite dans le cahier des charges annexé au décret qui a autorisé la Compagnie du touage.

Propositions pour la canalisation de la Seine et des parties de l'Yonne où les barrages sont achevés.

Je crois donc que l'on peut adopter, dans l'intérêt de la navigation, les dispositions suivantes :

1° Les barrages de la Seine et ceux de l'Yonne, qui font une suite non interrompue à ceux de la Seine, seront fermés dès que ces rivières n'auront plus que 1m60 de mouillage sur leurs hauts fonds.

Toutefois, tant que les barrages de l'Yonne, entre Montereau et La Roche, ne seront pas achevés, on pourra ne les fermer que quand le mouillage sera moindre de 1m40.

2° Les trains et bateaux passeront dans les écluses accolées aux barrages suivant l'ordre prescrit par le règlement de police pour la navigation de la Seine.

A cet effet, les écluses pourront fonctionner le jour et la nuit.

3° Si pendant la saison des flottages les trains arrivent en nombre tel qu'il y ait à craindre un encombrement, on facilitera, par exception, la descente de ces trains en ouvrant successivement les barrages de l'Yonne et de la Seine.

Ces lâchures se feront de manière qu'un barrage, que l'on aurait ouvert, soit refermé avant que l'on n'ouvre le barrage qui suit immédiatement.

Les trains qui n'auront pas pu profiter complétement de la lâchure se gareront à 500 mètres au moins du barrage en amont duquel ils se seront arrêtés ; ils passeront par l'écluse en attendant la lâchure suivante.

Le nombre et l'époque de ces lâchures seront fixés, selon les besoins de la navigation, par l'Ingénieur en chef du service de la Seine, qui agira de concert avec celui de la navigation de l'Yonne.

Elles pourront avoir lieu deux fois par mois lorsque le flottage sera très-actif.

4° Les bateaux et trains se gareront dans le bief du barrage du Port-à-l'Anglais qui ne sera jamais ouvert pour ces lâchures.

Ils y attendront leur tour de passage dans l'écluse.

5° L'écluse du barrage du Port-à-l'Anglais fonctionnera nuit et jour pour les trains et les bateaux munis d'un laissez-passer délivré par le service de l'Inspection de la navigation de la Seine.

Enquête sur ces propositions.

J'ai consulté M. l'Ingénieur en chef de la navigation de l'Yonne, MM. les Ingénieurs ordinaires de mon service, et M. l'agent général du commerce des bois de chauffage, avant de soumettre ces propositions à l'appréciation de Votre Excellence ; je pense qu'il convient encore, avant qu'elle daigne leur donner son approbation, de consulter les intéressés par la voie des enquêtes.

Je prie donc Votre Excellence de décider que ces propositions seront soumises à des enquêtes ouvertes dans le département de l'Yonne, à Auxerre, dans celui de Seine-et-Marne, à Melun, dans celui de Seine-et-Oise, à Corbeil, et dans celui de la Seine, à Paris.

Paris, le 24 décembre 1864.

L'Ingénieur en chef de la navigation de la Seine,

Signé : H. CHANOINE.

Avis de M. Cambuzat, Ingénieur en chef de la navigation de l'Yonne et de MM. les Ingenieurs ordinaires de la navigation de la Seine (1re section).

1° Avis de M. Cambuzat.

M. l'Ingénieur en chef Chanoine a bien voulu me communiquer un rapport qu'il a l'intention d'adresser à Son Excellence le Ministre des travaux publics pour proposer d'employer, en 1865, les barrages de la Seine et les deux barrages de Cannes et de la Brosse-sur-Yonne, ces deux barrages étant les premiers qu'on rencontre sur cette rivière en remontant de Montereau.

Dans mon rapport du 6 juin 1860, qui accompagnait le projet d'établissement d'une navigation continue sur l'Yonne entre La Roche et Montereau, voici ce que je disais pour résoudre la question difficile du flottage des trains :

« Le mode de navigation à employer pour rendre possible et « facile le flottage des trains, quand il y aura dix-sept barrages et « deux dérivations entre La Roche et Montereau, consistera à fixer « six jours par semaine pour la navigation continue à la descente et « à la remonte, et un seul jour pour la navigation descendante. « Avant le jour réservé au flottage, tous les trains ou couplages « auront été amenés par les éclusées ordinaires à La Roche où ils « seront garés ; on fera alors un flot ou convoi pour conduire tous « ces couplages de La Roche à Montereau, ce qui durera moins de « vingt-quatre heures. Aujourd'hui l'éclusée met moyennement « vingt-trois heures pour faire ce trajet. Il est bien évident que les « autres embarcations pourront à leurs risques et périls profiter de « ce flot pour la descente comme pour la remonte, mais sans gêner

« ni entraver la marche des trains ; ainsi la marche avec bateaux « continuera dans les deux dérivations et sur bien d'autres points « pour les besoins des localités, etc., etc.; de même aussi pendant « les six jours de navigation continue, c'est-à-dire pendant que les « barrages seront fermés, les trains isolés, les trains de charpente « surtout, restés en route pour une cause quelconque, pourront des- « cendre par les éclusées. »

Je démontrais ensuite la possibilité et la facilité de faire cette grande éclusée (ou flot) chaque semaine, en utilisant chaque fois un million de mètres cubes d'eau du réservoir des Settons, et comme je comptais sur 2,000 trains à faire descendre pendant vingt semaines de basses eaux ou 100 trains moyennement par semaine, le réservoir des Settons, qui contient 2,200,000 mètres cubes d'eau quand il est plein (en avril ou en mai il est généralement à sa tenue maximum), devait donc amplement satisfaire à ce mode de navigation.

Mais je ne dissimulerai pas que, dans ma pensée, les bois à brûler se transporteraient en bateau dès que la navigation serait améliorée, et que le flottage irait en diminuant chaque année et finirait bientôt par disparaître. Je ne pensais pas, en 1860, que mes prévisions viendraient sitôt à se réaliser. Depuis trois ans on a commencé à transporter en bateau une partie des bois destinés à l'approvisionnement de Paris. En 1862, il est passé à Auxerre 130 bateaux chargés de bois, 230 en 1863, et 207 pendant les onze premiers mois de 1864. Il n'est passé à Auxerre, en 1863, que 1,302 trains de bois à brûler, et 1,312 en 1864 ; il ne descend jamais de trains en décembre. Ainsi on conduit déjà en bateau, de Clamecy à Paris, le septième des bois à brûler, bien que le prix de ce transport soit beaucoup plus élevé que le prix de ce transport en trains, à cause de l'imperfection de la navigation sur l'Yonne et sur la Seine. Il est évident que, dès que la navigation sera continue, tous les bois à brûler descendront en bateaux.

Entre La Roche et Montereau, sur dix-sept barrages qui doivent (avec deux dérivations) procurer une navigation continue, quatre fonctionnent ; ce sont ceux d'Epineau, de Villeneuve-sur-Yonne, de Saint-Martin et de Port-Renard ; cinq autres qui sont terminés pourront fonctionner après l'hiver, ce sont ceux *du Pêchoir, d'Harmeau, de Champfleury, de Cannes et de la Brosse* ; quatre autres seront terminés à la fin de 1865, ce sont ceux de Nillevallier, d'Etigny, de Saint-Bon et de Barbey. Les trois barrages de Joigny, de Rozoy et de Villeperrot ne seront terminés qu'en 1866 ainsi que la dérivation de Joigny. Si le projet de barrage et de dérivation de Courlon qui est soumis à l'approbation, depuis la fin de décembre 1863, est prochainement approuvé et adjugé, les travaux pourront être exécutés en 1865 et 1866, de sorte qu'à la fin de 1866 la navigation pourra être continue sur l'Yonne entre La Roche et Montereau.

Après l'hiver prochain, on pourra faire fonctionner les deux barrages de Cannes et de la Brosse, et la navigation sera continue de la Brosse à Paris ; à la fin de 1865, une fois le barrage de Barbey fini, on pourra faire partir la navigation continue de l'amont du barrage de Port-Renard, le quatrième à partir de Montereau ; malheureusement, au delà, la dérivation et le barrage de Courlon feront lacune.

Après cet exposé, qui m'a semblé nécessaire pour faire connaître sommairement la situation des travaux entre La Roche et Montereau, je dois examiner les propositions de M. Chanoine.

Je n'ai pas besoin de dire que j'approuve complétement son idée d'utiliser les douze barrages de la Seine et les deux premiers de l'Yonne, pour améliorer immédiatement la navigation entre la Brosse et Paris, tout en conservant les éclusées ordinaires de l'Yonne en amont de la Brosse pour 1865 ; à la fin de 1865, on remontera jusqu'à Port-Renard, et à la fin de 1866 on remontera, je l'espère, jusqu'à La Roche. Mais à cette dernière époque les éclusées devront encore être conservées entre Clamecy et La Roche, attendu que la navigation ne sera rendue continue, entre Auxerre et La Roche, que quand on aura exécuté les travaux prévus dans l'avant-projet que j'ai adressé à l'Administration supérieure, le 24 août 1864, travaux qui s'élèvent à 2,800,000 francs.

M. Chanoine admet qu'à partir de la Brosse, pendant la saison des basses eaux, toutes les embarcations passeront par les écluses, même les trains quand ils seront en petit nombre ; il ajoute qu'au besoin on pourrait déflotter ces trains et charger les bois en bateaux ; ces hypothèses peuvent, en effet, se réaliser pour quelques trains isolés, mais pendant trois mois, du 15 mai au 15 août, le nombre des trains est d'une centaine au moins par semaine ; il est donc nécessaire de les faire descendre sans les retarder, car les trains qui séjournent trop longtemps dans l'eau deviennent lourds, et il y a perte pour le marchand. Je ne vois aucun inconvénient à essayer la manœuvre proposée par M. Chanoine pour faire descendre ces trains, au moyen d'un flot, par les passes des barrages ; il propose de faire ce flot tous les *quinze jours*, du 15 mai au 15 août, pour ne pas compromettre les intérêts du flottage, sauf à le rendre plus ou moins fréquent suivant que l'expérience aura prononcé.

Il est naturel que le nombre et l'époque de ces lâchures soient fixés par l'Ingénieur en chef de la Seine, en se consultant toutefois avec l'Ingénieur en chef de l'Yonne, qui règle le départ des éclusées de cette dernière rivière.

Sous le bénéfice de ces observations, je ne vois aucun inconvénient à ce que les propositions de M. Chanoine soient adoptées après avoir été soumises aux enquêtes ; seulement, pour le service qui m'est confié, l'enquête devrait avoir lieu à Auxerre, où il existe une forte marine et où passent toutes les embarcations du canal du Nivernais ainsi que les trains des rivières l'Yonne et la Cure. Une enquête semblable pourrait avoir lieu à Sens, comme le propose M. Chanoine, mais cette enquête, quoique utile, est moins nécessaire qu'une enquête à Auxerre.

Auxerre, le 12 décembre 1864.

L'Ingénieur en chef de la navigation de l'Yonne,

Signé : CAMBUZAT.

2e Avis de M. Garceau.

J'ai l'honneur de vous retourner, avec les observations de MM. les Ingénieurs de Lagrené, Boulé et les miennes, la minute de votre rapport contenant des propositions pour la canalisation de la Seine à l'époque des basses eaux de 1865.

Je pense, comme M. de Lagrené, que les arrière-radiers des barrages qui réclament cette dépense devront être établis avant que ces ouvrages ne soient mis en service régulier; mais ces travaux pourront être terminés dans mon arrondissement avant l'époque des basses eaux de l'année prochaine, les entrepreneurs étant disposés à les exécuter sans retard.

Je crois qu'il sera nécessaire de faire des éclusées, soit pour éviter les encombrements, soit surtout pour faciliter la descente des trains jusqu'à ce que ce mode de navigation ait trouvé ou adopté un moyen de traction.

Quant aux encombrements de bateaux, on peut remarquer qu'ils seront moins à craindre qu'on ne pourrait le croire au premier abord, parce que, d'une part, la navigation du canal du Loing s'écoulera d'une manière continue, n'étant plus obligée d'attendre les éclusées de l'Yonne à Saint-Mammès, et que, d'autre part, on pourra faire arriver les éclusées de la petite Seine dans l'intervalle des éclusées de l'Yonne, au lieu de les faire coïncider.

Je crois, enfin, comme M. Boulé, qu'il serait suffisant et très-commode, pendant cette période de transition, de réduire à 1m20 le mouillage offert à la navigation. On transformerait ainsi chaque bief en réservoir d'où l'on pourrait tirer une tranche d'eau de 0m40 au moins pour augmenter, lorsqu'il en serait besoin, le tirant d'eau en aval du barrage du Port-à-l'Anglais, et faire disparaître l'effet des affameurs dans la traversée de Paris.

En résumé, et sauf cette diminution de tirant d'eau, je serais d'avis de maintenir les conclusions de votre rapport.

Il me semble, toutefois, que l'art. 5 pourrait être supprimé, comme faisant double emploi avec l'art. 2 qui admet le fonctionnement des écluses pendant toute la nuit.

Je pense, comme le camarade Boulé, qu'un fil télégraphique reliant chaque barrage serait extrêmement utile et deviendra même indispensable.

Fontainebleau, le 17 décembre 1864.

Signé : GARCEAU.

3° Avis de M. de Lagrené.

1° Je ne considère pas les barrages comme terminés tant qu'on n'aura pas exécuté les arrière-radiers prévus et approuvés ; pour certains d'entre eux, il me paraît utile d'insister sur la nécessité d'exécuter ces arrière-radiers avant de livrer les barrages à la navigation.

2° Je crois, comme M. l'Ingénieur en chef, que si on adopte ces propositions, le mouillage en aval du Port-à-l'Anglais ne descendra pas au-dessous de 1m10 quand un régime permanent sera établi ; mais, pendant le temps nécessaire au remplissage des divers biefs, le mouillage pourra, dans certains cas, être moindre ; l'affameur variera avec le débit de la rivière au moment du remplissage des biefs.

3° Les bateaux arrivés à la Brosse avec un chargement incomplet le compléteront s'ils le veulent, et descendront de bief en bief par les écluses jusqu'en amont du barrage du Port-à-l'Anglais, mais non jusqu'à Paris. Cela est, d'ailleurs, expliqué page 9.

4° (Eclusées). Je suis tout à fait opposé au système des éclusées de quinzaine ; la raison à l'appui du système est qu'il résulterait un encombrement d'une fermeture continue de tous les barrages achevés. Mais d'abord cet encombrement ne se produira qu'en amont du premier barrage fermé, c'est-à-dire à la Brosse ; or, ce n'est plus dans notre service, et c'est aux Ingénieurs de l'Yonne à aviser. Je ne vois pas pourquoi nous rendrions notre position plus difficile pour améliorer celle de l'Yonne. En outre, l'encombrement étant produit par le seul trafic de l'Yonne n'a pas l'importance que l'on pourrait croire en voyant arriver les éclusées à Melun ou à Paris. Il faut d'abord voir quels inconvénients et quelles difficultés le système des éclusées entraînera, soit pour la navigation, soit pour la manœuvre et l'entretien de nos barrages, en les supposant complétement achevés, c'est-à-dire les arrière-radiers exécutés où ils ont été prévus.

5° Supposons qu'on ouvre un barrage, celui des Vives-Eaux, par exemple, pour y faire passer une éclusée, il faudra attendre que l'eau se soit abaissée de 2m50 à 0m70 environ au-dessus de l'étiage pour y commencer le relevage de la passe ; puis, la passe une fois fermée, il pourra encore s'écouler un temps assez long avant que le bief n'ait repris sa tenue normale de 2m40 au-dessus de l'étiage. Ces manœuvres se feront, en effet, au moment des basses eaux. Or, pendant tout ce temps, dont je ne puis préciser l'étendue, la navigation régulière ne pourra passer à l'écluse de Melun, et il y aura encombrement en amont de cette écluse ; ainsi, pour éviter un encombrement unique à la Brosse, on en reproduira un successivement à chacune des treize autres écluses. Si, pour diminuer le temps de remplissage du bief des Vives-Eaux, que j'ai choisi pour exemple, on met des couvre-joints sur les hausses, on affamera le bief de la Citanguette et il y aura encombrement à l'écluse des Vives-Eaux en même temps qu'à celle de Melun.

6° La lâchure faite aux Vives-Eaux ira faire basculer un certain nombre de hausses du déversoir de la Citanguette ; or celles-ci ne se relèveront que lorsque le niveau de la retenue se sera abaissé assez notablement, de sorte que le bief se sera aussi affamé par l'aval, et son tirant d'eau pourra devenir insuffisant en certains endroits. Il est vrai que cette cause d'abaissement peut être combattue en provoquant, par un moyen quelconque, le relèvement tardif des hausses basculées, mais il en résulte un surcroît de manœuvres, et si l'éclusier s'occupe de redresser les hausses du déversoir il ne poura pas être à l'écluse pour sasser les bateaux qui se présenteraient pendant ce temps ; de là, nouvelle cause d'encombrement à la Citanguette.

7° Les éclusées ne pourront-elles pas avoir aussi des inconvénients pour les bateaux montants qui seraient halés par des chevaux ? Elles rendront la traction plus difficile, sans qu'il en résulte pour eux aucun avantage ; il y aurait peut-être aussi danger dans certains cas à laisser surprendre par une éclusée un bateau tel que les bateaux du Nord, de 240 tonneaux à pleine charge ; il faudrait donc prendre d'avance des précautions de garage et d'amarrage, de sorte qu'en rendant service aux trains avalants on nuirait à une autre partie de la batellerie.

8° Comment le flot produit par l'ouverture du barrage de la Cave passera-t-il au barrage de Melun, qui n'a pas de déversoir avec hausses automobiles ? Quelles sont les manœuvres spéciales qu'il faudra faire pour cela à Melun, et quelles en seront les conséquences sur les tirants d'eau des biefs d'amont et d'aval? Ce sont des questions dont je laisse à M. Boulé l'examen, mais qui me paraissent pouvoir motiver de nouvelles objections.

9° Chaque barrage est toujours une cause de dépenses, soit en personnel, soit en entretien d'agrès et d'enrochements ; or je crois que nous serons toujours à court d'argent. La tendance de l'Administration supérieure paraît être de penser que les barrages une fois bien établis n'ont pas besoin d'entretien. Nous devons donc, autant que possible, épargner les manœuvres qui causent des dépenses, ou bien dans le courant de l'année nous serons forcés de prévenir l'Administration que tel barrage ne doit plus être manœuvré faute d'enrochements, ou parce qu'un treuil s'est brisé, ou pour tout autre motif produit par les manœuvres des éclusiers.

Il est vrai qu'une éclusée, en tombant dans un bief plein, ainsi que le propose M. l'Ingénieur en chef, y produira moins d'effet que dans un bief en eau basse ; mais cet effet existe toujours, et en outre il sera complet au barrage du Port-à-l'Anglais, dont les eaux d'aval s'abaissent à leur niveau naturel. Je crains donc que les éclusées ne nous entraînent dans des dépenses forcées, pour lesquelles nous n'aurons pas de crédit.

Telles sont les principales objections qui me paraissent devoir être faites au système des éclusées, dont les inconvénients semblent dépasser de beaucoup les avantages.

10° Si on fait des éclusées, il y aura nécessairement des encombrements momentanés en amont de l'écluse du Port-à-l'Anglais, bien que cette écluse, en fonctionnant nuit et jour, puisse être suffisante pour écouler successivement les bateaux et trains arrivant tantôt isolément, tantôt en grand nombre à la fois (*Éclusées*). Si, au contraire, on ne fait pas d'éclusées, il n'y aura pas plus d'encombrements au Port-à-l'Anglais qu'à tous les autres barrages, celui de la Brosse excepté.

La nécessité de faire fonctionner l'écluse du Port-à-l'Anglais pendant la nuit n'est pas sans inconvénient, surtout au début d'un nouveau système de navigation dont les règlements de police sont peu connus (le règlement ne sera pas encore homologué peut-être à l'époque des basses eaux de 1865). Il sera bien difficile d'y maintenir l'ordre, et il y a toujours beaucoup plus de chances d'avaries la nuit que le jour; enfin c'est encore un surcroît de dépenses en aides pour les manœuvres de l'écluse.

Aussi mon avis est-il de transformer le bief du Port-à-l'Anglais en une sorte de bassin de garage et d'entrepôt à l'amont de Paris. On éviterait ainsi l'encombrement et une partie des manœuvres de nuit.

11° En résumé, je supprimerais les paragraphes 3, 4 et 5 des propositions de M. l'Ingénieur en chef, et je soumettrais aux enquêtes les propositions soumises aux paragraphes 1 et 2.

Si, malgré les inconvénients que j'y vois, le système des éclusées doit prévaloir, je préférerais en laisser l'initiative aux intéressés dans leurs dires des enquêtes. Il me semble que c'est à eux plutôt qu'à nous à proposer, s'ils le jugent convènable, des manœuvres qui sont possibles, mais pour lesquelles en définitive nos barrages n'ont pas été faits.

Paris, le 10 décembre 1864.

Signé : DE LAGRENÉ.

4° Avis de M. Boulé.

Je vous transmets, avec les observations du camarade de Lagrené, le projet de rapport de M. l'Ingénieur en chef sur l'usage des barrages en 1865.

J'y joins un relevé que j'ai fait dresser, pour l'année 1863, des bateaux et trains passés à Melun pendant tout le temps des basses eaux, c'est-à-dire du 1er mars au 1er septembre 1863, période pendant laquelle les eaux sont restées à moins de 1 mètre au-dessus de l'étiage.

Il me paraît résulter immédiatement de ce tableau que tant que le flottage des bois ne sera pas modifié (et il ne pourra l'être de longtemps, il ne le sera certainement pas avant l'achèvement des barrages de l'Yonne), il sera nécessaire de faire des éclusées entre Montereau et Paris. Vous remarquerez que les trains indiqués à ce tableau sont des *couplages* comprenant deux trains ; on ne peut introduire que deux couplages à la fois dans une écluse, et encore est-ce assez difficile, leur longueur trop grande et l'ouverture des portes pour la sortie étant difficile. Je crois que M. l'Ingénieur en chef se trompe en indiquant (page 10) que l'écluse peut contenir 4 trains et 8 bateaux, car il indique plus bas qu'il circule 2,200 trains par an sur la Seine, et c'est 2,200 couplages qu'il faudrait dire, si l'on conserve l'indication de quatre trains contenus à la fois dans l'écluse.

1° 16 bateaux de la petite Seine, savoir :

3 Margotats de 29^m sur 5^m40;

8 Margotats de 20^m sur 5^m ;

5 Flûtes de 34^m sur 6^m.

Ou bien :

2° 12 bateaux de l'Yonne et du Loing, savoir :

9 Flûtes de 30^m50 sur 5^m ;

1 Margotat de 32 à 34^m sur 5^m50 ;

2 Petits margotats de 20^m sur 5^m.

Ou encore :

3° 2 couplages de bois de 91^m sur 5^m30 en croisant leurs extrémités.

Et en même temps 5 flûtes ou 6 margotats de 29 à 34^m.

Ou enfin 8 petits margotats.

J'ai composé les éclusées moyennes ci-dessus avec les bateaux le plus habituellement employés et en tenant compte des nombres relatifs de ces bateaux observés à plusieurs éclusées successives ; c'est au moyen de ces données que le tableau ci-joint a été dressé.

Il résulte, suivant moi, du tableau qu'en 1863 une dizaine d'éclusées au moins auraient été nécessaires sur la Seine pour éviter l'encombrement et des criailleries sans nombre, et il me paraît indispensable d'éviter ces réclamations, surtout la première année. C'est-à-dire que je partage entièrement l'avis de M. l'Ingénieur en chef et nullement celui du camarade de Lagrené, dont je vais examiner les objections :

1° Je n'ai rien à dire des arrière-radiers, ils paraissent inutiles dans mon arrondissement, d'ailleurs le fonctionnement des barrages ne me paraît pas un obstacle à leur exécution.

2° Je n'ai aucun renseignement sur le mouillage en aval du Port-à-l'Anglais, mais je crois qu'il serait facile d'éviter de produire là aucun affameur en manœuvrant convenablement les barrages ; je reviendrai sur ce point.

3° Je ne vois aucun motif pour régler le tirant d'eau à 1^m40, s'il n'y a que 1^m10 dans Paris, et je pense qu'il suffirait, pour commencer, de régler le tirant d'eau minimum à 1^m20. J'y verrais une foule d'avantages.

I. — Il ne serait pas nécessaire de décharger les bateaux dans le bief du Port-à-l'Anglais.

II. — On pourrait remplir bien plus vite les biefs sans affamer l'aval ; pour la première fois, au printemps, on profiterait d'une éclusée de l'Yonne.

III. — Les biefs n'étant pas habituellement pleins, l'arrivée des éclusées de l'Yonne n'aurait plus d'inconvénients, le niveau des biefs s'élèverait partout de 20 à 30 centimètres, et lors de l'affameur produite par la fermeture des barrages de l'Yonne on pourrait laisser écouler l'excédant des biefs de manière à éviter toute affameur à Paris.

Cela serait facile, puisque la retenue ne s'élevant pas jusqu'à la crête des hausses on pourrait manœuvrer très-facilement quelques hausses de déversoir de manière à obtenir exactement le niveau que l'on voudrait ; il ne faudrait pour cela que quelques tâtonnements et des ordres donnés par exprès, au besoin par le télégraphe.

IV. — Il resterait dans les biefs un notable courant, et beaucoup de bateaux s'en contenteraient à la descente jusqu'à ce qu'ils se décidassent à se faire haler : cela ménagerait la transition.

V. — Enfin, un tirant d'eau minimum serait bien suffisant, quant à présent ; un tirant d'eau plus fort aurait peu d'avantage avec les habitudes actuelles de la navigation.

4° Peu importent les difficultés que nous pouvons éprouver ; il faut nous arranger de façon à rendre service au commerce pour lequel nous travaillons ; l'objection n'a donc pas de valeur. Le tableau ci-joint renseigne complétement sur le trafic comparé de l'Yonne, du Loing et de la petite Seine.

5° L'objection ne me paraît pas fondée. D'une part, il n'y aura pas encombrement à Melun puisque tous les bateaux seront passés avec l'éclusée quelques heures auparavant ; d'autre part, on n'aura pas d'affameur à craindre en aval puisque la lâchure des Vives-Eaux aura rempli les biefs outre mesure ; enfin, le barrage de la Citanguette étant fermé, la chute sera amortie très-vite et on pourra relever les Vives-Eaux plus vite que ne le pense M. de Lagrené.

6° Cette objection suppose que l'on veut conserver les retenues pleines, ce qui est inutile si on se contente de 1m20 de tirant d'eau et même de 1m40 ; en outre, le bief n'étant pas plein, on peut faire très-facilement manœuvrer les hausses du déversoir, les mettre en bascule ou les redresser.

7° Cette objection n'a pas d'importance avec la remonte par les toueurs, d'ailleurs on sera prévenu longtemps à l'avance.

8° Quant au barrage à fermettes de Melun, s'il a l'inconvénient de ne pas être automobile, ce qui exigera certainement une surveillance, elle sera très-facile puisqu'on sera prévenu. Ce barrage ne peut avoir d'inconvénient qu'en cas de crue subite, mais il suffira d'ordonner une fois pour toutes à l'éclusier de la Cave de me faire prévenir chaque fois que le déversoir de la Cave basculera, et on arrivera bien à temps pour enlever les aiguilles à Melun.

9° De toutes les manières possibles il nous faut des fonds d'entretien suffisants, et il y aura lieu de s'appuyer sur les dépenses des éclusées pour en obtenir ; d'ailleurs les avaries ne sont à craindre que lorsqu'on ouvre un barrage avec trop peu d'eau à l'aval, et cela n'est pas à craindre dans l'espèce.

10° Les bateaux et trains devant être garés à l'amont de chaque barrage, les mariniers sont toujours pressés et ne demanderont pas mieux, car ceux qui prendront un peu d'avance arriveront à Paris bien avant les autres, et ils arriveront successivement au Port-à-l'Anglais, ce qui sera un moyen transitoire pour arriver à la suppression des éclusées ; je crois même qu'en agissant ainsi et en faisant passer le plus possible par les écluses, on pourra arrêter l'éclusée avant Paris.

11° Je ne partage pas l'avis de M. de Lagrené : il faut présenter aux enquêtes des propositions qui puissent être acceptées ; celles bu'il propose seraient rejetées à la grande majorité. En supposant le système mixte parfaitement conçu et expliqué par M. l'Ingénieur en chef, on ralliera tous les avis. Quant aux barrages, je ne ne puis admettre qu'ils n'aient pas été faits pour être manœuvrés. Le système a été combiné et adopté de préférence aux fermettes, à cause de la plus grande facilité des manœuvres, on ne peut donc pas se refuser à des éclusées qui, dans l'état actuel de la navigation, sont indispensables. Si j'avais une objection à faire au projet de rapport, ce serait au sujet du barrage du Port-à-l'Anglais ; il me semble que l'on pourrait, au moins dans le commencement, conduire l'éclusée jusqu'à Paris, ce qui supprimerait l'objection du trop faible tirant d'eau en aval. La lâchure d'Ablon donnera déjà de l'eau en aval du Port-à-l'Anglais. On pourrait basculer le déversoir et laisser le niveau descendre beaucoup, puis ouvrir ensuite pour l'éclusée et refermer immédiatement derrière. Il me semble que cette manœuvre ne serait pas plus difficile que les autres, mais ce n'est pas mon affaire.

En résumé, je pense que, quant à présent et pendant une période plus ou moins longue, il serait superflu de donner plus de 1m20 de tirant d'eau minimum et que, d'un autre côté, la conservation des éclusées *en nombre décroissant d'année en année* est indispensable. Par conséquent, j'adhère entièrement aux propositions de M. l'Ingénieur en chef, sous réserve que l'on ne relèvera les barrages que lorsque l'eau descendra au-dessous de la cote 1m20 des échelles des passes navigables, et qu'au moyen des déversoirs on maintiendra les eaux à un niveau tel qu'il y ait 1m20 de tirant d'eau sur l'écluse supérieure. Lors des éclusées de l'Yonne on laissera les biefs se remplir, mais on les videra ensuite en partie, de manière à éviter toute affameur à Paris ; cela sera plus ou moins facile, mais c'est notre affaire et nous devons pouvoir y arriver.

Un fil de télégraphe allant d'écluse en écluse serait bien utile pour toutes les manœuvres, et je crois qu'en le demandant on obtiendrait facilement que l'administration des télégraphes l'établît elle-même ; du reste ce ne serait pas bien coûteux.

Melun, le 13 décembre 1864.

Signé : BOULÉ.

Pour copie conforme :

L'Ingénieur en Chef,

Signé : H. CHANOINE.

Ministère de l'Agriculture, du Commerce et des Travaux publics.

Paris, le 18 février 1865.

INSTRUCTIONS

Monsieur l'Ingénieur en chef de la navigation de la Seine.

MONSIEUR,

Vous m'avez adressé, le 24 décembre dernier, avec l'avis de M. l'Ingénieur en chef de la navigation de l'Yonne, des propositions relatives aux mesures à prendre pour la mise en activité des deux derniers barrages de l'Yonne et des douze barrages de la Seine, en amont de Paris.

J'ai soumis ces propositions à l'examen du Conseil général des ponts et chaussées. — Le Conseil a considéré que les bases du régime transitoire de la navigation des parties canalisées de l'Yonne et de la haute Seine ne paraissaient pouvoir être convenablement arrêtées par les Ingénieurs que de concert avec les intéressés. Il a pensé qu'il y avait lieu de confier la préparation du règlement à soumettre à l'enquête à une commission composée des deux Ingénieurs en chef de la navigation de la haute Seine et de l'Yonne et de huit ou dix autres membres pris dans le commerce et le flottage des bois, parmi les mariniers et entrepreneurs de transports par eau et autres intéressés à la navigation des deux rivières.

Le Conseil a en outre exprimé l'avis qu'il y avait lieu d'exécuter le plus tôt possible les travaux complémentaires reconnus nécessaires pour l'ouverture de la navigation dans les conditions nouvelles où elle doit fonctionner, y compris l'éclairage des écluses et l'organisation des signaux destinés à régler la manœuvre des barrages et les mouvements de la navigation.

J'approuve l'avis du Conseil.

Je donne avis de ma décision à M. Cambuzat, et je vous invite à vous concerter avec lui pour son exécution.

Vous voudrez bien me faire des propositions pour la composition de la Commission.

Recevez, Monsieur, l'assurance de ma considération distinguée.

LE MINISTRE DE L'AGRICULTURE, DU COMMERCE ET DES TRAVAUX PUBLICS.

Pour le Ministre et par autorisation,

Le conseiller d'Etat, Directeur général des ponts et chaussées et des chemins de fer.

Signé : FRANQUEVILLE.

Pour copie conforme :

L'Ingénieur en chef,

Signé : H. CHANOINE.

Ministère de l'Agriculture, du Commerce et des Travaux publics.
Barrages de la Seine.

Paris, le 8 mars 1865.

Monsieur l'Ingénieur en chef de la navigation de la Seine.

MONSIEUR,

Vous m'avez adressé, de concert avec M. Cambuzat, le 25 février dernier, conformément à mes instructions du 18, des propositions pour la formation de la commission qui doit être appelée à donner son avis sur le règlement que vous avez préparé pour la manœuvre des barrages de la haute Seine.

La liste des personnes que vous m'avez présentée me paraît réunir les représentants de tous les intérêts. — J'approuve en conséquence la formation de cette Commission.

Je désire qu'elle fournisse un rapport dans lequel seront discutées toutes les questions que soulève l'application de ce règlement, et qu'elle indique les modifications qu'il lui semblerait utile d'y introduire dans l'intérêt soit de la navigation, soit du flottage.

La présidence de la Commission me paraît devoir être déférée à l'honorable M. Chagot, membre du Corps législatif. — La Commission nommera son secrétaire et son rapporteur : M. Duflocq, syndic du commerce des bois, et M. de Hercé, vice-président du syndicat de la marine, sembleraient indiqués pour ces fonctions.

Enfin, vous et M. Cambuzat, aurez à joindre vos observations au rapport de la Commission en me transmettant le dossier. — Vous voudrez bien, Monsieur, écrire à chacune des personnes proposées pour faire partie de la Commission de vouloir bien prêter en cette circonstance leur concours à l'Administration.

Recevez, Monsieur, l'assurance de ma considération très-distinguée.

LE MINISTRE DE L'AGRICULTURE, DU COMMERCE ET DES TRAVAUX PUBLICS.

Signé : Armand BÉHIC.

Pour copie conforme,

L'Ingénieur en chef,

Signé : H. CHANOINE.

COMPOSITION DE LA COMMISSION

Commerce de bois à brûler et à ouvrer, à Paris.	M. DUFLOCQ,	Syndic, président du commerce des bois à brûler, rue du Rocher, 50 (*secrétaire*).
	M. RAVAULT,	Syndic, président du commerce des bois à ouvrer, quai de la Rapée, 46.
Commerce de bois de province et flottage en trains.	M. BONNEAU,	Marchand de bois et ancien entrepreneur de flottage, à Clamecy (Nièvre).
	M. PRÉVOST,	Entrepreneur de flottage, à Surgy, près Clamecy (Nièvre).
Batellerie de l'Yonne, des canaux de Bourgogne et du Nivernais.	M. JOSSIER,	Entrepreneur de marine, à Auxerre.
	M. CORVOL,	Entrepreneur de marine, à Clamecy.
Batellerie des canaux du Loing latéral à la Loire, etc.	M. CHAGOT,	Député de Saône-et-Loire, gérant des mines de Blanzy, rue Blanche, 44 (*président*).
	M. JACQUELIN,	Entrepreneur de marine, à Orléans.
Batellerie de la haute Seine.	M. DARBLAY,	Député de Seine-et-Oise, propriétaire d'usines à Corbeil, rue de Rivoli, 156.
Touage sur chaîne noyée.	M. DE HERCÉ,	Concessionnaire du touage sur chaîne noyée, rue Bonaparte, 30 (*rapporteur*).
Ingénieurs en chef de la Seine et de l'Yonne.	M. CHANOINE,	Ingénieur en chef de la navigation de la Seine.
	M. CAMBUZAT,	Ingénieur en chef de la navigation de l'Yonne.

Barrages de la Seine.

Procès-verbaux de la Commission.

L'an mil huit cent soixante-cinq, le deux avril, à une heure de l'après-midi, les Membres de la Commission instituée à l'effet de donner son avis sur le règlement à intervenir pour la manœuvre des barrages de l'Yonne et de la Seine qui sont achevés, se sont réunis à Paris, rue de la Chaussée-d'Antin, n° 10, dans le cabinet de M. Chagot, député, son Président, en exécution de la décision de Son Excellence le Ministre de l'Agriculture, du Commerce et des Travaux publics, en date du huit mars mil huit cent soixante-cinq.

Il est donné lecture de l'arrêté qui constitue la Commission.

Les membres qui la composent sont :

MM. Chagot, député de Saône-et-Loire, Président;

Chanoine, Ingénieur en chef de la navigation de la Seine ;

Cambuzat, Ingénieur en chef de la navigation de l'Yonne ;

Bonneau, Félix, marchand de bois et ancien entrepreneur de flottage, à Clamecy ;

Corvol, entrepreneur de marine, à Clamecy ;

Darblay, député de Seine-et-Oise, propriétaire d'usines à Corbeil ;

Duflocq, syndic, président du commerce de bois à brûler du département de la Seine;

De Hercé, commissionnaire du touage sur chaîne noyée, à Paris ;

MM. Jacquelin, entrepreneur de marine, à Orélans;
Jossier, entrepreneur de marine, à Auxerre;
Prévost, entrepreneur de flottage, à Surgy (Nièvre);
Ravaut, syndic, président du commerce de bois à ouvrer du département de la Seine.

Tous sont présents, à l'exception de M. Prévost, retenu chez lui par une indisposition, et qui exprime, par lettre, son regret de ne pouvoir assister à cette première séance.

MM. de Hercé et Duflocq désignés, le premier comme rapporteur, et le second en qualité de secrétaire de la Commission, acceptent ces fonctions.

La Commission ainsi installée, M. le Président en rappelle le but. Il explique que, sur la proposition faite par M. l'Ingénieur en chef de la navigation de la Seine (1re section), pour la mise en activité des deux derniers barrages de l'Yonne et des douze barrages de la Seine en amont de Paris, le Conseil général des ponts et chaussées a considéré que les bases du régime transitoire de la navigation des parties canalisées de l'Yonne et de la haute Seine ne paraissaient pouvoir être convenablement arrêtées par les Ingénieurs que de concert avec les intéressés. Il a pensé qu'il y avait lieu de confier la préparation du règlement à soumettre à l'enquête à une Commission composée des Ingénieurs en chef de la navigation de la haute Seine et de l'Yonne et de huit ou dix autres membres pris dans le commerce et le flottage des bois, parmi les mariniers et entrepreneurs de transports par eau et autres intéressés à la navigation des deux rivières. Il a en outre exprimé l'avis qu'il y avait lieu d'exécuter le plus tôt possible les travaux complémentaires reconnus nécessaires pour l'ouverture de la navigation dans les conditions nouvelles où elle doit fonctionner, y compris l'éclairage des écluses et l'organisation des signaux destinés à régler la manœuvre des barrages et les mouvements de la navigation; qu'approuvant l'avis du Conseil, l'Administration supérieure a, sur une nouvelle proposition des Ingénieurs, institué la Commission dont il s'agit.

M. le Président fait remarquer que les pièces et documents mis sous les yeux de la Commission, et qui doivent faciliter l'examen des diverses questions qui lui sont soumises, consistent dans :

Les dépêches ministérielles des dix-huit février et huit mars mil huit cent soixante-cinq ;

Le rapport de M. l'Ingénieur en chef Chanoine, sur l'emploi des barrages achevés, avec les avis de M. l'Ingénieur en chef Cambuzat et de MM. les Ingénieurs ordinaires Garceau, de Lagrené et Boulé, en date du vingt-quatre décembre mil huit cent soixante-quatre;

Le projet d'un règlement de police pour la navigation de la Seine (1re section), en date du dix-huit décembre mil huit cent soixante-quatre ;

Les propositions de MM. les Ingénieurs Garceau, de Lagrené et Boulé pour les signaux et l'éclairage.

Il est joint au dossier une lettre, dont il est donné lecture, par laquelle les intéressés à la navigation de la Saône et du Rhône exposent que la fermeture des barrages de la haute Seine ne peut avoir que de très-heureux résultats pour la navigation et le commerce ; ils pensent que, dans l'intérêt général de la batellerie qui navigue sur la haute Seine, cette fermeture doit avoir lieu toutes les fois que les eaux n'atteindront pas 1 mètre 40 centimètres ou 1 mètre 30 au minimum. Ils forment des vœux pour que la Commission émette son avis dans ce sens.

MM. les Ingénieurs sont ensuite entendus. Leurs explications ne sont autres que celles qui sont consignées dans leurs rapport et avis susvisés et qui se résument ainsi : Utiliser de la manière la plus avantageuse pour la batellerie et le flottage des bois en trains, et aussi de façon qu'on n'ait plus dans Paris des affameurs qui sont si préjudiciables au commerce, les douze barrages étagés entre Paris et Montereau, et ceux de Cannes et de la Brosse y faisant suite sur l'Yonne, tous achevés, sauf l'exécution d'arrière-radiers pour quelques-uns; fermer ces barrages dès que les eaux se seraient abaissées à moins d'un mètre au-dessus de l'étiage, afin de conserver, même à l'époque des plus grandes sécheresses, sur une étendue de 120 kilomètres de rivière, dont 100 dans la Seine et 20 environ dans l'Yonne, un mouillage minimum de 1m60; ne faire que deux fois par mois, quand le flottage est le plus actif, certaines lâchures dont la description est donnée, et qui seraient dirigées de telle sorte que les affameurs ne se feraient plus sentir que très-peu dans Paris.

Dans ces explications, M. l'Ingénieur en chef Chanoine s'attache à démontrer qu'il ne faut que trente minutes pour remplir et vider les sas d'une écluse, y compris le temps nécessaire pour y faire entrer et en faire sortir les embarcations; que les écluses pourront au besoin fonctionner la nuit; qu'en travaillant quinze heures par jour on parviendrait certainement à écouler en quatre jours au plus par semaine les 19 ou 20,000 embarcations de toute sorte qui naviguent chaque année sur la Seine et l'Yonne entre les points déjà déterminés, tant à la remonte qu'à la descente; que bateaux et trains peuvent donc passer par les écluses; que, pour le cas cependant où il y aurait encombrement, on abaisserait les barrages pour le faire disparaître en rendant plus active la descente des trains de bois et autres embarcations.

Avant toute discussion on pose le principe d'une Sous-Commission chargée d'étudier les questions se rattachant à l'objet de la proposition de M. l'Ingénieur en chef Chanoine, et de faire un rapport à la Commission.

Ce principe admis, le point de départ de la navigation transitoire qu'il s'agit de réglementer est agité. Après examen, la Commission reconnaît que le système ne saurait être appliqué, quant à présent, à l'Yonne, et que la Seine seule, entre Montereau et Paris, peut être soumise à ce régime.

La discussion s'établissant sur l'ensemble des propositions, un membre fait observer que le genre de navigation conçu par M. Chanoine sera dommageable pour l'industrie du flottage; que les trains de bois, après avoir fait un assez long trajet et éprouvé les secousses des perthuis de la haute Yonne, arrivent très-souvent à Montereau alourdis et en mauvais état; qu'en leur faisant supporter, à partir de ce point, les conséquences d'une navigation trop lente on les exposera, sinon à une perte totale, du moins à des détériorations qui ne laisseront pas que d'être fort préjudiciables non-seulement aux entrepreneurs du flottage, mais encore aux marchands destinataires; que, sauf ces inconvénients, le passage des trains de bois par les écluses est praticable, mais avec une augmentation assez sensible de frais qui résulterait inévitablement des retards et de la nécessité d'avoir recours à un système de traction quelconque.

L'abaissement possible des barrages en cas d'encombrement seulement, ainsi que l'entend M. Chanoine, fixe surtout l'attention des Membres de la Commission. Suivant les uns, cette manœuvre doit être régulière et connue à l'avance, c'est-à-dire que l'ouverture des barrages doit être périodique et non laissée à la discrétion des ingénieurs; ceux-là voient dans le défaut de réglementation des irrégularités de service qui ne peuvent être que préjudiciables à tous les intéressés; d'autres, au contraire, sont opposés à cette réglementation et proposent de décider que les Ingénieurs seront seuls juges de la nécessité des lâchures; leur raison est que l'abaissement des barrages à jours fixes serait une cause de plus d'encombrement en ce que trains et bateaux attendraient ces lâchures pour passer dans les barrages, manière plus prompte et moins coûteuse pour rendre à Paris toutes les embarcations.

La discussion close, la Commission reconnaît que, si les barrages doivent rester fermés, il y aura lieu, pour le passage des trains de bois, de faire des lâchures aux époques que détermineront MM. les Ingénieurs; que, néanmoins, cette question principale, comme tous les points qui s'y rattacheront, seront examinés par la Sous-Commission qui est et demeure ainsi composée:

MM. Chagot, Président;
Bonneau,
Corvol,
De Hercé, rapporteur;
Duflocq, secrétaire.

Cette Sous-Commission devra s'acquitter de l'examen dont elle est chargée, et faire son rapport à la Commission dans le plus bref délai.

Fait et délibéré à Paris les jour et mois susdits.

Et ont les Membres présents de la Commission signé après lecture faite.

L'an mil huit cent soixante-cinq, le deux juin, les Membres de la Commission des barrages de la Seine se sont réunis sur la convocation et dans le cabinet de son Président.

Présents : MM. Chagot, président; de Hercé, rapporteur; Duflocq, secrétaire; Chanoine, Ingénieur en chef de la Seine; Cambuzat, Ingénieur en chef de l'Yonne; Darblay, Jacquelin, Jossier et Prévost.

MM. Bonneau, Corvol et Ravaut s'excusent de ne pouvoir répondre à cette convocation.

Lecture est donnée du procès-verbal de la première séance en date du 2 avril; la rédaction en est adoptée.

Sur l'invitation qui lui en est faite par M. le Président, la sous-Commission rend compte de l'examen qu'elle a été chargée de faire des questions soulevées par les propositions adressées à l'Administration supérieure pour la manœuvre des barrages construits sur la Seine, entre Montereau et le Port-à-l'Anglais. Il est donné lecture d'un rapport par lequel la Sous-Commission conclut, conformément aux avis et opinions de la grande majorité des intéressés, comme suit :

1° Les barrages de la haute Seine serviront seulement à reformer le flot de l'éclusée tant que la Seine entre Saint-Denis et le Port-à-l'Anglais n'aura pas un mouillage constant de 1^{m}60 au minimum, avec cette observation qu'il suffira de manœuvrer deux ou trois barrages, celui de Champagne et un ou deux autres à indiquer;

2° Lorsque le tirant d'eau de $1^{m}60$ aura été obtenu dans la partie de la basse Seine sus-indiquée, les barrages de la haute Seine seront fermés après la saison du flottage;

3° Lorsque les travaux de l'Yonne seront terminés entre Auxerre et Montereau, et qu'il sera possible d'assurer à la batellerie un mouillage constant de $1^{m}60$ entre Saint-Denis et le Port-à-l'Anglais et entre le Port-à-l'Anglais et Auxerre, les barrages de la haute Seine seront mis en complète activité.

Il est également donné lecture des procès-verbaux de l'enquête à laquelle la Sous-Commission a cru devoir procéder, ainsi que des autres pièces et documents qu'elle a recueillis.

Ces communications faites, la discussion s'ouvre sur l'objet du rapport.

Un membre dit que, dans la situation actuelle des choses, la proposition de la Sous-Commission lui paraît être, en effet, le seul moyen de concilier tous les intérêts engagés dans la question; mais il exprime son regret de voir qu'une partie seulement de la grande voie navigable que l'on se propose d'établir du Havre à Marseille soit terminée, et que les lacunes signalées subsistent encore sur la basse Seine et l'Yonne.

Il émet le vœu que la Commission appelle tout particulièrement l'attention de l'Administration supérieure sur ce manque d'ensemble, qui empêche d'utiliser tous les barrages achevés.

Un autre membre pense aussi que l'avis exprimé par la Sous-Commission sur les propositions dont il s'agit est conforme à l'intérêt général et qu'il y a lieu de l'adopter.

M. l'Ingénieur en chef Chanoine reconnaît que la canalisation de la haute Seine aurait pour effet d'annihiler dans Paris et en aval les crues produites par les éclusées de l'Yonne, et que ce résultat, sur lequel il dit que son attention ne s'était pas tout d'abord portée, serait préjudiciable à la batellerie qui fréquente la basse Seine. Il déclare qu'en raison de la lacune que présentent cette dernière partie du fleuve et la traversée de Paris il se range volontiers à l'avis de la Sous-Commission. Mais il ne peut se dissimuler que le régime transitoire proposé par la Sous-Commission, et qui paraît être entre tous le plus convenable, ne sera pas encore sans inconvénients. Suivant lui, il n'est pas possible d'indiquer à l'avance les barrages destinés à fortifier les éclusées, cette indication étant subordonnée aux besoins toujours variables et imprévus du commerce. D'un autre côté, le débit de la rivière n'étant plus aussi considérable qu'autrefois, la manœuvre de ces barrages produira de grandes affameurs redoutables au point de vue des accidents et des avaries de toute sorte. Ces affameurs seront sensibles à Paris, si le barrage d'Evry est levé puis abaissé à chaque éclusée. Les affameurs de la Seine, d'après M. l'Ingénieur en chef Chanoine, sont d'une tout autre nature que celles de l'Yonne. L'eau, en se retirant dans l'Yonne, ne met généralement à découvert qu'un gravier dont le contact avec l'air n'a rien de fâcheux. Il n'en est pas de même de la Seine. Son lit, couvert en grande partie de matières herbues, laisse échapper, pendant les affameurs, des émanations insalubres qui pourraient donner lieu à des plaintes.

M. l'Ingénieur en chef Chanoine dit, en terminant, qu'il croit devoir faire ces observations pour mettre sa responsabilité à couvert, mais que néanmoins il adhère pleinement aux propositions de la Sous-Commission.

M. l'Ingénieur en chef Cambuzat fait observer que les barrages destinés à fortifier les éclusées de l'Yonne peuvent et doivent même être indiqués d'avance; que la régularité du service et la sécurité exigent qu'il en soit ainsi.

Un Membre demande la parole et l'obtient pour appeler l'attention de la Commission sur la situation du barrage du Port-à-l'Anglais dont le radier, placé presque au niveau de l'étiage, force les embarcations à passer par l'écluse une bonne partie de l'année. Il pense qu'il conviendrait de solliciter de l'Administration supérieure l'abaissement de ce radier ou la construction d'une seconde écluse à accoler au barrage.

M. l'Ingénieur en chef Chanoine ne conteste pas les inconvénients que présente, dans la situation actuelle des choses, le passage des embarcations par l'écluse du Port-à-l'Anglais, mais il ne croit pas qu'il y ait lieu de songer à y remédier ainsi qu'on l'a dit; au surplus on étudie en ce moment l'établissement d'une gare dans la plaine de Maisons-Alfort, avec canal de dérivation qui prendrait l'eau en amont du barrage du Port-à-l'Anglais pour la rendre en aval près du pont d'Ivry, et, si ce projet recevait sa réalisation, la dérivation tiendrait avantageusement lieu de seconde écluse au barrage en question.

D'autres opinions sont émises sous diverses formes, mais toujours dans un sens favorable à l'avis exprimé par la Sous-Commission.

La discussion étant close, M. le Président met aux voix les conclusions de la Sous-Commission. — Ces conclusions sont adoptées à l'unanimité des Membres présents de la Commission, qui décident, en conséquence qu'un rapport conforme sera par elle adressé à l'Administration supérieure.

Sur la proposition de M. l'Ingénieur en chef Cambuzat, des remerciements sont votés à la Sous-Commission pour le zèle et le soin qu'elle a apportés dans l'accomplissement de la tâche qui lui a été confiée.

Fait à Paris les jour, mois et an susdits.

Et ont les Membres de la Commission signé après lecture.

RAPPORT

DE LA

SOUS-COMMISSION

MESSIEURS,

Monsieur le Ministre de l'agriculture, du commerce et des travaux publics vous a chargés de lui donner votre avis sur toutes les questions que soulève le projet de mise en activité des douze barrages construits sur la haute Seine entre le Port-à-l'Anglais et Montereau, et de lui indiquer les modifications que vous jugerez utile d'introduire aux propositions de MM. les Ingénieurs, soit dans l'intérêt de la navigation, soit dans celui du flottage.

Dans une première réunion vous avez pris connaissance du règlement proposé par MM. les Ingénieurs, et vous avez entendu leurs observations. Ils proposaient à M. le Ministre de décider que les douze barrages seraient levés toutes les fois que la rivière n'aurait plus 1^{m}40 de mouillage sur ses hauts fonds. En même temps ils demandaient que des lâchures eussent lieu à l'époque du flottage, afin de livrer passage aux trains de bois.

Après une discussion approfondie vous avez pensé que, si les barrages étaient fermés pendant la saison du flottage, il serait impossible de faire passer par les écluses tous les trains que les flots de l'Yonne amènent deux et trois fois par semaine à Montereau, et que des lâchures seraient nécessaires; mais que cette mesure, qui présenterait dans la pratique de très-graves inconvénients, ne devrait avoir lieu qu'exceptionnellement quand l'encombrement des trains et des bateaux la rendrait absolument indispensable. Toutefois, avant de prendre une décision, vous avez désiré être complétement éclairés, et, dans ce but, vous avez nommé une Sous-Commission chargée d'étudier avec le plus grand soin toutes les questions que soulève la fermeture des douze barrages de la haute Seine et de vous faire un rapport sur le résultat de ses travaux.

Votre Sous-Commission a pensé que le meilleur moyen à employer pour remplir la mission que vous lui aviez confiée était de consulter tous les intéressés, et elle a ouvert une enquête à laquelle elle a appelé les entrepreneurs de transports et les mariniers faisant habituellement la navigation du canal du Nivernais, de l'Yonne, des canaux du centre et de la Seine.

Plusieurs ont répondu à notre appel et se sont rendus à nos séances; d'autres nous ont envoyé par écrit leur avis motivé.

Nous croyons, Messieurs, qu'il est utile de vous donner lecture des procès-verbaux qui constatent les déclarations verbales faites devant nous, ainsi que des lettres qui nous ont été adressées; mais auparavant nous devons vous rendre compte des démarches que nous avons faites auprès de MM. les Ingénieurs de la basse Seine dans le but d'obtenir l'établissement d'un barrage dans Paris en attendant le barrage définitif dont la construction paraît être décidée en principe.

M. Romang, Ingénieur en chef, et M. Vaudrey, Ingénieur ordinaire, chargés du service de la Seine dans la traversée de Paris, nous ont dit qu'un barrage provisoire pourrait être établi au pont Notre-Dame moyennant une dépense peu importante; mais en même temps ils nous ont affirmé que ce barrage, qui ne pourrait pas relever le plan de l'eau de plus de 50 centimètres, n'aurait guère d'autre résultat que de racheter la chute du pont de la Tournelle et qu'il produirait à peine 10 centimètres au-dessus.

Ils pensent donc que ce travail n'aurait aucune utilité appréciable; il serait une gêne pour les trains de bois qui passent depuis deux ans par le grand bras et qui seraient obligés de passer par l'écluse de la Monnaie, et il ne rendrait aucun service à la batellerie. Ils sont donc d'avis que ce barrage provisoire ne doit pas être établi.

Nous passons, Messieurs, à la lecture des pièces de notre enquête.

1° Procès-verbaux.

1re SÉANCE

L'an mil huit cent soixante-cinq, le quatre avril, à huit heures du soir, les Membres de la Sous-Commission des barrages de la Seine se sont réunis à Paris, quai de Béthune, n° 20, au siége de la Compagnie du Commerce des bois à brûler, en exécution de la décision de Son Excellence le Ministre de l'agriculture, du commerce et des travaux publics, en date du 8 mars 1865, qui institue une Commission à l'effet de donner son avis sur le règlement à intervenir pour la manœuvre des barrages de l'Yonne et de la Seine qui sont achevés, et conformément à ce qu'a exprimé la Commission dans sa séance d'avant-hier où la Sous-Commission a été formée.

Sont présents MM. Bonneau, Corvol, de Hercé et Duflocq.

En l'absence de M. Chagot, Président, M. de Hercé, rapporteur, le remplace, et, sur l'invitation qui lui est faite, M. Duflocq, secrétaire de la Commission, remplit les mêmes fonctions près de la Sous-Commission.

La séance ouverte, M. le Président rappelle l'objet des propositions de MM. les Ingénieurs. Il les explique et les résume en disant qu'une enquête lui paraît indispensable à un bon examen de ces propositions. Interroger les principaux intéressés à la navigation de la haute et de la basse Seine ainsi que des canaux et rivières qui en sont les affluents sur les diverses questions que la Commission a à traiter, est, suivant lui, le plus sûr moyen de connaître les véritables besoins du commerce et des industries que le régime transitoire qu'il s'agit de réglementer est appelé à desservir.

La Sous-Commission entre tout-à-fait dans les vues de son Président. Elle prend connaissance des pièces mises sous ses yeux, notamment du rapport que M. l'Ingénieur en chef Chanoine a fait à l'Administration supérieure et dont il est donné lecture, ainsi que des avis qui l'accompagnent, formulés par M. l'Ingénieur en chef de la rivière l'Yonne, et par les Ingénieurs ordinaires de la Seine 1re section, MM. Garceau, de Lagrené et Boulé.

Après cette lecture, M. le Président reprend les points les plus saillants du rapport, il insiste surtout sur le système d'ouverture des barrages proposé à l'Administration supérieure dans le cas d'encombrement seulement et là où se produirait l'encombrement, système dont le mécanisme consiste à abaisser successivement les barrages de façon que le premier soit relevé à une hauteur d'eau déterminée avant l'ouverture du second, en répétant ainsi la manœuvre jusqu'à celui du Port-à-l'Anglais qui doit rester fermé, ce qui obligerait toutes les embarcations à un temps d'arrêt dans chaque bief.

Il fait ressortir aussi la nécessité où serait la batellerie, d'après ce même système, d'alléger dans le bassin du Port-à-l'Anglais à la porte de Paris, si elle y arrivait à une tenue d'eau plus forte que celle que permet l'état actuel du fleuve en aval et dans la traversée de Paris.

Un Membre dit qu'avec le mélange de trains et de bateaux sur la rivière la manœuvre des barrages, ainsi que l'entend M. Chanoine, lui paraît difficile, sinon impossible, par la raison que les trains ou les couplages ne pourront, comme les bateaux, s'arrêter dans chaque bief, et qu'il pourrait résulter de ce genre de navigation des accidents et des désordres regrettables; dans tous les cas il pense que les barrages ne devront être levés que lorsque le mouillage sera descendu au-dessous de $1^{m}20$.

Il fait toutefois une exception en ce qui concerne ceux d'Ablon et du Port-à-l'Anglais dont les radiers, au dire de tous les intéressés, sont placés trop haut de $0^{m}30$ et $0^{m}50$ environ; quand il y a un mètre d'eau dans le chenal, il ne s'en trouve que $0^{m}70$ sur les radiers de ces barrages.

Dans l'opinion de ce Membre, il ne faudra les ouvrir que lorsqu'il y aura $1^{m}50$ d'eau sur leurs radiers, mais il n'approuve pas le projet de tenir en tout temps fermé le barrage du Port-à-l'Anglais, il demande au contraire que, jusqu'au moment où seront achevés les travaux d'amélioration de la basse Seine, ce barrage soit manœuvré comme les autres, dans les conditions qu'il vient d'indiquer, afin de ne pas imposer à la batellerie des frais d'allégement et autres en pure perte pour elle.

Une discussion s'engage sur la question de la manœuvre des barrages, il en ressort que cette manœuvre, dans son application efficace, paraît entièrement subordonnée à l'achèvement non-seulement des travaux de l'Yonne, y compris l'amélioration projetée du canal du Nivernais, mais encore et surtout de ceux de la basse Seine, notamment du barrage destiné à relever le plan d'eau en aval du Port-à-l'Anglais, de manière à permettre aux bateaux d'arriver à port avec la charge que le mouillage de la haute Seine canalisée aurait autorisée.

A ce sujet, la Sous-Commission est d'avis d'engager la Commission à émettre le vœu que l'exécution de tous ces travaux soit poussée avec le plus d'activité possible, et de voir MM. Romang et Vaudrey, le premier Ingénieur en chef, le second Ingénieur ordinaire de la basse Seine, pour se renseigner sur l'état des travaux projetés en aval de Paris.

Sur la demande qui lui est faite par l'un de ses collègues, le même

Membre fait connaître le tonnage de l'Yonne à la descente qu'il évalue ainsi, d'après ses données personnelles :

	Tonnes.
Bois en bateaux	28,800
Bois en trains	156,000
Pour les bois	184,800
Autres marchandises	65,000
En tout	249,800

La Sous-Commission décide d'entendre à ses prochaines séances MM. les Ingénieurs ordinaires de la navigation de la Seine (1re section), M. l'Inspecteur général de la navigation et des ports du département de la Seine, les principaux entrepreneurs de flottages de l'Yonne et de la Cure, les principaux maîtres de marine intéressés à la navigation de la haute et de la basse Seine et de ses affluents.

Elle charge MM. de Hercé et Duflocq de procéder à cette enquête en d'en dresser procès-verbal.

Et la séance est renvoyée à un jour qui sera ultérieurement fixé.

Fait à Paris les jour, mois et an susdits.

Et ont les Membres présents de la Sous-Commission signé après lecture.

2e SÉANCE

Et le 20 avril 1865, à huit heures du soir, au siége de la Compagnie du Commerce de bois à brûler, quai de Béthune, 20, les Membres de la Sous-Commission des barrages de la Seine se sont réunis pour commencer l'enquête à laquelle ils ont jugé nécessaire de procéder pour éclairer les questions soumises à l'examen de la Commission.

Sont présents :

MM. de Hercé, rapporteur de la Commission, remplissant les fonctions de Président en l'absence de M. Chagot;
Duflocq, secrétaire.

Ont répondu à l'invitation qui leur a été adressée de se rendre à cette séance :

MM. de Lagrené, Ingénieur ordinaire de la navigation de la Seine;
Louis Houy, maître marinier, demeurant à Montargis.

La séance ouverte, M. le Président expose l'objet de la convocation, en résumant les propositions sur lesquelles l'Administration supérieure a appelé les intéressés à se prononcer.

Après ce résumé, M. de Lagrené est prié d'expliquer comment il entend la manœuvre des barrages pour les lâchures qui, dans l'esprit des propositions faites à l'Administration supérieure, peuvent avoir lieu accidentellement, et deux fois par mois au plus, pour dissiper les encombrements que produirait un trop grand nombre d'embarcations réunies sur un même point, et d'expliquer aussi les conséquences de ces lâchures et leur influence dans les divers cas sur le plan d'eau en aval du Port-à-l'Anglais et dans la traversée de Paris.

Le premier barrage ouvert, dit M. de Lagrené, il ne faudra pas plus de deux heures pour que l'eau, sur le radier, descende au niveau déterminé; ce délai passé, on relève le barrage, puis on abaisse le second, toutes les embarcations qui se trouveront encore en marche en amont du premier devront s'arrêter, rester en gare pour attendre une nouvelle lâchure ou passer par les écluses; le travail est répété autant de fois qu'il y a de bassins pour arriver au Port-à-l'Anglais. Le garage presque instantané des couplages dans un bief ne pourra avoir lieu qu'à l'aide d'ancres et de cordages dont ces sortes d'embarcations devront être munies de même que les bateaux; ce sera pour l'industrie du flottage des bois à brûler en trains une sujétion qui pourra modifier l'économie de ce mode de transport, mais elle est inévitable avec le système proposé. Dans la manœuvre des barrages, telle qu'elle est proposée, on peut redouter l'accumulation des eaux, mais on l'évitera en laissant échapper, par les déversoirs et les interstices des hausses, le trop-plein avant l'ouverture du barrage; de là, des temps d'arrêt assez longs dans chaque bief et la nécessité d'y fixer les couplages de manière que les amarres puissent résister au mouvement que produit toujours le brusque déplacement du volume d'eau qui s'échappe dès qu'un barrage est ouvert, et de façon aussi que lesembarcations soient encore à flot au moment du départ.

L'éclusée de l'Yonne, ajoute M. de Lagrené, si les douze barrages restent fermés constamment, ne donnera aucun flot en aval du Port-à-l'Anglais. Dans ce cas, la lenteur avec laquelle cette éclusée arriverait à Paris, après être tombée de bassin en bassin, en rendrait l'effet presque insensible.

La Sous-Commission lui ayant demandé combien il faut de temps pour qu'un bief se remplisse, M. de Lagrené a répondu que cela dépend du débit de la rivière; il dit qu'à une époque de grandes sécheresses l'eau a mis deux jours à se refaire sur le barrage d'Évry.

Mais il pense qu'en ne laissant chaque barrage ouvert que pendant deux heures et en bouchant les interstices des hausses il suffirait de quelques heures pour le remplissage d'un bief.

La Sous-Commission, se basant sur ce laps de temps, cherche ensuite à savoir quelle sera l'interruption de navigation, à la limite inférieure après l'ouverture du dernier barrage; à ce sujet elle interroge de nouveau M. de Lagrené qui répond en disant qu'il est difficile de s'en rendre compte, que ce résultat, comme beaucoup d'autres, ne sera connu exactement qu'après l'expérimentation du régime transitoire.

Suivant lui, le système des éclusées de quinzaine, auquel il est opposé, présente de graves inconvénients, et l'usage suivi jusqu'ici et adopté en principe par l'Administration supérieure de se servir des barrages de Champagne, Melun et Évry, pour fortifier les éclusées de l'Yonne, lui paraît préférable au système mixte proposé.

M. Louis Houy est ensuite entendu. Intéressé seulement à la navigation de la Seine et des canaux, il dit que cette navigation est essentiellement descendante, qu'elle n'a, à la remonte, qu'une importance insignifiante, qu'avec le secours des éclusées de l'Yonne, fortifiées par deux ou trois retenues, celle de Champagne notamment, les bateaux arrivent promptement et facilement à Paris avec la charge que le tirant d'eau sur les canaux de Briare, d'Orléans et du Loing permet de leur donner, qu'autrement, c'est-à-dire la Seine étant canalisée, la marine du canal du Loing serait exposée à des retards ou obligée d'avoir recours, pour la descente, à un système quelconque de traction, ce qui occasionnerait une augmentation de frais d'au moins 50 centimes par tonne ou 60 francs environ par bateau. Il demande donc le maintien de l'état des choses actuel comme étant plus conforme aux intérêts qu'il défend que celui que créeraient les propositions faites à l'Administration supérieure, si elles étaient adoptées. Il ajoute que, dans sa pensée, trois barrages suffisent sur la Seine aux besoins de la marine des canaux, tandis qu'un plus grand nombre mis en activité serait une cause d'obstacles à la navigation et aurait, en outre, pour inconvénient grave de produire dans Paris des crues et des affameurs dont l'effet subit et sensible est préjudiciable au commerce.

La Sous-Commission renvoie à un jour qu'elle fixera ultérieurement la continuation de ses travaux.

Fait à Paris les jour, mois et an susdits.

Et ont les Membres présents de la Sous-Commission signé après lecture.

3E SÉANCE

Et le 27 avril 1865, à huit heures du soir, au siége de la Compagnie du Commerce des bois à brûler, quai de Béthune, 20, les Membres de la Sous-Commission des barrages de la Seine se sont réunis pour continuer l'enquête par eux commencée le 20 de ce mois et jugée nécessaire à l'examen dont elle a été chargée.

Sont présents :

MM. de Hercé et Duflocq, le premier faisant fonctions de Président, le second, secrétaire.

Se sont rendus à l'invitation qui leur a été adressée d'assister à cette séance, pour y être entendus, les maîtres de marine ci-après dénommés, savoir :

MM. Léger et Petit, à Cravant;
Barbier (Alexandre), à Sens;
Chartier, à Saint-Mammès;
Muzard (Martin), au même lieu;
Lioret, à Paris;
Lefebvre, à Paris, représentant M. Germain Ballot, de Saint-Mammès;
Hoffet, à Paris.

M. Angeli, Inspecteur général de navigation et des ports du département de la Seine;

MM. Robin-Bezanger et Cagnat (Théodore), entrepreneurs de flottage, demeurant, le premier, à Vermenton, et le second à Clamecy, également appelés, ont fait savoir qu'à leur regret il ne leur était pas possible de répondre à cette convocation.

N'y ont pas répondu non plus les entrepreneurs de marine ci-après nommés, savoir :

MM. Potin et Bonneau, à Auxerre;
Paillard, à Montereau;
Marin fils, à Saint-Mammès (embouchure du canal du Loing);
Bronchard, au même lieu;
Leveau (Désiré), au même lieu;
Lepaire (Mathias), à Ris-Orangis;
Poulain, à Viry-Châtillon;
Perrichon, à Paris.

La séance déclarée ouverte, M. le Président fait, comme aux précédentes, l'exposé des propositions sur lesquelles la Commission a à donner son avis, après quoi il pose cette question : Dans l'état actuel des choses quelle est la manœuvre des barrages la plus conforme aux intérêts de tous? Doit-on les tenir constamment fermés? Y aura-t-il lieu, au contraire, de les ouvrir à une hauteur d'eau déterminée, et à des époques fixes ou seulement accidentellement?

Les intérêts mis en présence étant communs, tous prennent part à la discussion qui s'engage sur la question que ces intéressés sont d'accord à résoudre ainsi :

Si on relève les barrages, il ne faudra jamais les ouvrir, parce que leur manœuvre pourrait occasionner de graves inconvénients et de nombreuses interruptions de navigation. Il est arrivé déjà que, les barrages étant abaissés, plusieurs hausses sont restées debout et ont barré ainsi le passage aux embarcations. Il faut éviter ces obstacles qui ne manqueraient pas de se produire, tantôt sur un point, tantôt sur un autre, avec un nombre aussi grand de barrages qui ne paraissent pas être faits pour supporter de pareilles manœuvres.

Mais la fermeture continuelle des barrages de la Seine aurait pour effet fâcheux et immédiat de priver Paris et la basse Seine de l'avantage qu'on y tire du flot produit par l'éclusée de l'Yonne qui, après avoir passé successivement et lentement dans chaque bassin, arriverait pour ainsi dire inaperçue au Port-à-l'Anglais. Elle gênerait considérablement l'industrie du flottage en trains qu'elle rendrait même probablement impossible, et elle serait beaucoup plus nuisible qu'utile à la marine, surtout à celle qui fréquente l'Yonne, le canal du Nivernais et les canaux de Briare, d'Orléans et du Loing; en voici la raison : en tenant constamment fermé le barrage du Port-à-l'Anglais, on n'aurait en aval et dans la traversée de Paris qu'un mètre d'eau et quelquefois moins. L'affameur se ferait sentir bien davantage encore sur les bases des écluses de Charenton et Saint-Martin. L'impossibilité où l'on est, quant à présent, d'offrir en aval du Port-à-l'Anglais un mouillage à peu près égal à celui qu'on obtiendrait en amont, empêcherait donc d'amener les bateaux avec des charges en harmonie avec ce dernier tirant d'eau, car l'idée qui consisterait à alléger dans le bassin du Port-à-l'Anglais pour arriver à port n'est pas réalisable à cause des frais que ce travail occasionnerait; non-seulement la marine ne tirerait aucun profit de la canalisation de la Seine, mais encore il en résulterait pour elle une augmentation des frais de traction, qu'on ne peut évaluer à moins de 50 centimes par tonne.

Dans la situation actuelle des choses et jusqu'à l'achèvement des travaux de l'Yonne et de la basse Seine, disent unanimement les intéressés présents à cette séance, il ne faut pas se servir des barrages d'une manière absolue. Il suffit d'en fermer trois : Champagne, la Cave ou Melun et Evry, pour fortifier les éclusées de l'Yonne et seulement quand ces flots ne donnent pas une quantité suffisante d'eau. A ce sujet il conviendrait de dire que ces trois barrages seront levés toutes les fois qu'il n'y aura plus à Montereau que 0m85 d'eau à l'affameur.

Par les plus basses eaux, avec le secours des éclusées de l'Yonne, on peut amener de Montereau aux ports de Paris des bateaux chargés à 1m30, ce qu'on ne pourrait faire si les barrages étaient fermés, parce que la canalisation paralyserait l'effet des éclusées de l'Yonne en aval du Port-à-l'Anglais et dans Paris.

Le but de la réunion étant rempli, la séance est levée et renvoyée à un jour qui sera ultérieurement fixé.

Fait à Paris les jour, mois et an susdits.

Et ont les Membres présents de la Sous-Commission signé après lecture.

4E SÉANCE

Et le 5 mai 1865, à huit heures et demie du matin, les Membres de la Sous-Commission des barrages de la Seine se sont réunis sous la présidence de M. Chagot, député, en son cabinet, rue de la Chaussée-d'Antin, n° 10, pour entendre de nouveaux intéressés à la navigation transitoire qu'il s'agit de réglementer.

Sont présents : MM. Chagot, président, de Hercé, rapporteur, Duflocq, secrétaire, Corvol.

M. Bonneau, appelé à cette séance, n'a pu s'y rendre, ainsi qu'il l'explique dans une lettre dont il est donné lecture.

Est aussi présent M. Prévost qui a été empêché de prendre part aux premiers travaux de la Commission dont il fait partie.

Ont répondu à l'invitation qui leur a été faite de donner à cette séance leur avis sur les questions à résoudre :

1° M. Robin Bézanger, entrepreneur de flottage, demeurant à Vermenton (Yonne);

2° M. Gabriel Léger, maître de marine, demeurant à Cravant (Yonne);

3° M. Potin, maître de marine, demeurant à Auxerre;

4° M. Chartier, maître de marine, demeurant à Saint-Mammès (Seine-et-Marne);

5° M. Lepaire (Mathias), maître de marine, à Ris-Orangis;

6° M. Menuisier fils, entrepreneur de transports par eau, demeurant à Paris;

7° M. Angeli, Inspecteur général de la navigation et des ports du département de la Seine;

8° M. Sirmin, agent général du commerce des bois à brûler, à Paris.

MM. Marin fils, Ballot-Germain, Bronchard, Leveau, Poulain, maîtres de marine, demeurant les quatre premiers à Saint-Mammès, et le cinquième à Viry-Châtillon, convoqués de nouveau, ne se sont pas présentés.

La séance ouverte, M. le Président fait un rapport sur la mission confiée à la Commission par l'Administration supérieure et les divers avis recueillis jusqu'à ce jour.

Il est donné lecture de deux lettres : l'une de M. Hennuy, propriétaire du service de bateaux à vapeur qui vient d'être établi entre Paris et Montereau, l'autre de M. le maire de Seine-Port, démontrant l'utilité de la canalisation au point de vue de cette entreprise.

La Sous-Commission prend aussi connaissance d'une délibération (session de 1864), par laquelle le Conseil général de Seine-et-Oise, après avoir dit que, jusqu'à ce que le barrage dans Paris, qui n'est pas même commencé, soit entièrement terminé, les barrages du Port-à-l'Anglais, d'Ablon, d'Evry, du Coudray non-seulement ne serviront à rien, mais encore seront une gêne pour la navigation, émet le vœu que le barrage dans l'intérieur de Paris soit exécuté dans le cours de 1865, et que les travaux de canalisation de l'Yonne soient complétés le plus tôt possible, de manière à permettre la suppression des éclusées.

M. le Président expose la question et appelle l'attention de la Sous-Commission et des intéressés sur les besoins de la navigation à la remonte.

Un membre fait remarquer que ces besoins ne surgiront réellement que lorsque les travaux de canalisation projetés dans Paris et en aval seront achevés.

Au nom de l'industrie du flottage des bois en trains on présente les observations suivantes :

Les couplages de bois à brûler, dit-on, sont des embarcations tellement encombrantes et sujettes aux avaries qu'ils ne pourront, à cause des temps d'arrêt à subir dans les biefs, profiter des lâchures comme elles sont décrites dans les propositions faites à l'Administration supérieure. Il ne serait pas possible, en effet, de les garer puis de les lâcher dans chaque bassin sans recourir à des moyens qui, en les supposant praticables, auraient tout au moins le grave inconvénient d'être dispendieux et de détruire toute l'économie de ce mode de transport. Si les couplages sont forcés de passer par les écluses, il faudra des chevaux ou un autre système de traction pour les tirer avalant dans beaucoup d'endroits, notamment au sortir des écluses où il existe des remous et des courants contraires que produisent presque toujours les barrages les plus hermétiquement fermés, et cela malgré la chasse qui peut être donnée par les éventilles et qui n'agit pas sur un couplage comme sur un bateau. Dans ce cas encore d'énormes frais incomberont à cette industrie et rendront le transport des bois par la voie du flottage aussi coûteux que par bateaux. Ce n'est pas tout : le trajet de Montereau à Paris s'effectuera avec une lenteur telle que beaucoup de couplages, ceux par exemple qui auront séjourné plusieurs semaines dans l'Yonne et seront alourdis et en mauvais état, couleront à fond avant d'arriver à destination. C'est un danger auquel l'industrie du flottage des bois en trains sera infailliblement exposée par la canalisation de la Seine.

Par tous ces motifs, les représentants de l'industrie du flottage et du commerce des bois à brûler, que cette industrie intéresse au plus haut point, demandent le maintien du régime actuel, pourvu qu'il soit amélioré, quand ce sera nécessaire, par la manœuvre des barrages de Champagne, de Melun et d'Evry dont, à leur point de vue, il n'y a lieu de se servir que comme d'auxiliaires des éclusées jusqu'au moment où seront entièrement achevés les travaux de canalisation de l'Yonne, y compris les améliorations à apporter à l'état du canal du Nivernais.

Toutefois, ils limitent leur demande aux mois de mai, juin et juillet, pendant lesquels le flottage est le plus actif.

Suivant eux, on se préoccupe trop, quant à présent, de la navigation à la remonte qui n'aura véritablement d'intérêt qu'après que le commerce aura été mis à même de profiter des travaux de canalisation de la basse Seine.

Un membre pense que, si on fermait tous les barrages de la Seine pendant la saison du flottage, il y aurait des encombrements que les lâchures proposées ne parviendraient pas à faire disparaître. Par cette raison, il est disposé à se rallier à l'idée des représentants du flottage et du commerce des bois, en exprimant l'avis que les barrages soient tenus constamment fermés à partir du 1er août, afin d'arriver par là à reconnaître quel est, dans l'intérêt général, le système qu'il conviendra d'appliquer l'année prochaine.

M. le Président fait observer ici que la Commission devra formuler un avis sur les propositions, et non se borner à dire qu'il sera fait des expériences.

Sur les craintes exprimées par plusieurs intéressés que la manœuvre fréquente de deux ou trois barrages de la Seine ne produise des affameurs dans Paris, un membre fait remarquer, et son opinion est partagée par tous, que ces affameurs seront presque insensibles si le barrage manœuvré est celui de Melun ou même d'Evry.

M. Gabriel Léger demande que, durant la saison du flottage, les barrages destinés à fortifier les éclusées ne soient levés que lorsqu'il y aura à Montereau moins de 85 centimètres d'eau à l'affameur. Il pense en outre qu'on devra manœuvrer pendant tout le reste de l'année, de même qu'on propose de le faire dans la période de mai à juillet. Suivant lui, le passage obligatoire par les écluses sera lent et ne permettra pas de rendre à Paris aussi vite qu'il le faut les vins, les ciments et les autres marchandises dont le transport exige a plus grande célérité. Il occasionnera aussi un surcroît de frais en pure perte, puisque, dans la situation où est dans ce moment l'Yonne et où elle restera jusqu'à sa canalisation, il n'est et ne sera pas possible de prendre des chargements plus forts.

Plusieurs intéressés pensent que la Commission devra formuler, par son rapport, les vœux les plus pressants pour l'exécution du barrage de Suresnes et des autres travaux, le barrage de Paris notamment, destinés à relever le plan d'eau en aval du Port-à-l'Anglais.

M. l'Inspecteur général de la navigation estime qu'il y a lieu de mettre en activité le plus tôt possible les barrages de la haute Seine, et, dans ce but, d'insister pour demander le prompt achèvement des travaux de canalisation de la basse Seine, et même la construction d'un barrage provisoire dans Paris.

A ce sujet, la Sous-Commission fait connaître l'opinion de MM. Romang et Vaudrey, qui pensent qu'un barrage provisoire ne pourrait relever le plan d'eau que de 0m50 au point où il serait construit, et seulement de 10 centimètres sur le busc de l'écluse du canal Saint-Martin, et qu'il ne produirait aucun effet en aval du barrage du Port-à-l'Anglais.

M. Menuisier et M. Mathias Lepaire, intéressés seulement à la navigation de la Seine, estiment qu'il faudrait fermer continuellement les barrages à partir du 1er août.

La discussion s'établissant de nouveau sur le niveau d'eau qui, suivant M. Gabriel Léger, pourrait servir de base à Montereau pour la manœuvre des barrages à employer comme auxiliaires des écluses, le chiffre de 0m90 paraît convenir à la majeure partie des intéressés.

M. le Président, résumant la discussion, dit que les barrages de l'Yonne et ceux de la basse Seine n'étant pas terminés et ces lacunes étant un obstacle à une bonne réglementation de la manœuvre des barrages de la haute Seine, entre Montereau et Paris, l'attention de l'Administration sera appelée sur la nécessité d'achever ces travaux dans le plus bref délai.

Ce résumé termine la séance, et la Sous-Commission renvoie la continuation de l'enquête à un jour qui sera ultérieurement fixé.

Fait à Paris les jour, mois et an susdits.

Et ont les Membres présents de la Sous-Commission signé après lecture.

5^E^ SÉANCE

Et le 13 mai 1865, à huit heures et demie du matin, les Membres de la Sous-Commission des barrages de la Seine se sont réunis sous la présidence de M. Chagot, député, en son cabinet, rue de la Chaussée-d'Antin, n° 10, pour continuer l'enquête commencée sur le projet de règlement à intervenir pour la manœuvre des barrages de la haute Seine.

Sont présents : MM. Chagot, président, de Hercé, rapporteur, Duflocq, secrétaire.

MM. Bonneau et Corvol s'excusent par lettres de ne pouvoir assister à cette séance, à laquelle ils ont été appelés.

Ont répondu à la convocation qui leur a été adressée, à l'effet de donner des renseignements sur les questions soumises à l'examen de la Commission.

1° M. Lefebvre, de la maison Delabrousse, Pottet et Lefebvre, pour les transports sur la basse Seine et l'Oise ;

2° M. Messemacker, représentant la marine flamande et la marine du nord à Paris ;

3° M. Daubigny, propriétaire du service de bateaux à vapeur sur les canaux du Nord;

4° M. Lelièvre, représentant de la Compagnie Godeaux, concessionnaire du touage de la basse Seine entre Conflans et la mer;

5° M. Gaudet fils, propriétaire du service de bateaux à vapeur, entre Londres et Paris.

Tous intéressés à la navigation de la basse Seine et du Nord.

N'ont pas répondu à cette convocation :

1° MM. Hédouin et Baillet, prud'hommes de navigation ;

2° M. Fleury fils, entrepreneur de transports sur la haute et la basse Seine;

3° M. Cardin père, propriétaire du service de transports entre Rouen et la Picardie ;

4° MM. Pavot frères, entrepreneurs de transports sur les canaux du nord ;

5° MM. Breton et Frétigny-Bunel, maîtres de marine, à Rouen;

6° MM. Husson et Bordes, représentant la marine des ports de Paris.

La séance ouverte, M. le Président fait l'exposé des questions que l'enquête a pour but d'éclairer.

Les intéressés présents font remarquer les lacunes qui existent en amont de Montereau et en aval du Port-à-l'Anglais, sur la grande voie navigable que l'on veut établir. Ils prétendent que l'Administration doit aviser aux moyens de combler ces lacunes et de supprimer les éclusées, avant de songer à canaliser la Seine entre Paris et Montereau. Jusque-là ils demandent à profiter du flot que les éclusées de l'Yonne leur procurent deux fois par semaine et qui leur est si nécessaire pour remonter la Seine à partir de La Briche-Saint-Denis.

M. Lefebvre fait remarquer que la batellerie de la basse Seine compte sur ce flot qui la dispense d'alléger autant qu'elle serait obligée de le faire si elle en était privée, ce qui arriverait si les barrages de la Seine étaient tous levés, puisque l'éclusée se perdrait à travers ces barrages dans le trajet de Montereau à Paris.

M. Daubigny dit que l'éclusée donne quelquefois un flot de 30 à 35 centimètres et que la batellerie de la basse Seine s'arrange de manière à en profiter.

Les intéressés présents demandent en un mot le maintien de l'état de choses actuel, en exprimant le vœu toutefois que les lacunes qu'ils signalent dans la grande ligne de navigation dont il s'agit soient comblées dans le plus bref délai, et en souhaitant que, d'ici là, les barrages de la Seine, entre Montereau et Paris, ne soient employés que pour soutenir et fortifier les éclusées et de manière à ne pas produire de trop grandes affameurs dans les ports et les biefs.

Ils ajoutent en terminant, qu'ils croient leur opinion conforme à l'intérêt général.

Cet avis accueilli, la séance est levée.

Fait à Paris les jour, mois et an susdits.

Et ont les Membres présents de la Sous-Commission signé après lecture.

6ᴱ SÉANCE

Et le 20 mai 1865, à dix heures du matin, les Membres de la Sous-Commission des barrages de la Seine se sont réunis à Paris, au siége de la Compagnie du commerce des bois à brûler, quai de Béthune, n° 20, pour continuer l'enquête qu'exige l'examen qu'ils se sont chargés de faire des questions sur lesquelles l'Administration supérieure a appelé la Commission à donner son avis.

Sont présents : MM. de Hercé, faisant fonctions de Président, en l'absence de M. Chagot, et Duflocq, secrétaire.

La séance déclarée ouverte, M. le Président annonce qu'il a invité à venir donner les renseignements qui peuvent être en leur possession les intéressés ci-après nommés, savoir :

1° MM. Hédouin et Baillet, prud'hommes de navigation à Paris ;

2° M. Denis Pellerin, entrepreneur de transports par eau, à Brienon (Yonne);

3° MM. Adolphe Berthier et Percheron, maîtres de marine, à Montereau.

MM. Hédouin et Baillet seuls répondent à cet appel. Les autres ont fait savoir, par lettres, qu'il ne leur était pas possible de se rendre à cette convocation.

Voici ce qu'écrit M. Berthier :

« Il s'agit, si je ne me trompe, de savoir quel usage il convient « de faire, *dans l'état actuel des choses et jusqu'à l'achèvement des « travaux de l'Yonne*, des douze barrages étagés entre Paris et Mon- « tereau. Si on les fermait *complétement* et que l'on obtint 1^{m}60 « de mouillage, les bateaux ne pourraient aller à cette tenue « que jusqu'au Port-à-l'Anglais, et la mesure serait inutile pour tous « les bateaux allant à Paris ou plus loin. Ainsi donc, *sans même te- « nir compte des difficultés que peuvent faire naître les éclusées de « l'Yonne*, il suffit du manque d'eau à l'arrivée à Paris pour exclure « jusqu'à nouvel ordre l'idée de fermer les barrages. Mais quand « bien même encore on aurait 1^{m}60 dans la traversée de Paris, je « me demande si la mesure serait praticable. *Au point de vue de « l'intérêt personnel*, je le désirerais vivement. Mais je pense qu'à « chaque éclusée de l'Yonne il y aurait un encombrement produit « par l'arrivée simultanée des bateaux et des couplages. »

En définitive, M. Berthier demande :

1° Coïncidence de l'éclusée de la petite Seine et de celle de l'Yonne qui arrivent l'une après l'autre, ce qui augmenterait en Seine, en aval de Montereau, le flot de 10 à 15 centimètres;

2° Emploi de quatre des barrages de la Seine pour maintenir et fortifier les éclusées, savoir : celui de Varennes, qui permettrait aux bateaux de la petite Seine et du port de Montereau de se préparer pour l'éclusée; celui de Champagne, qui devrait être fermé la veille de l'éclusée pour permettre aux bateaux du canal du Loing de sortir de l'écluse de Saint-Mammès; et enfin ceux de Melun et Évry.

Il est presque certain, ajoute M. Berthier, que les bateaux descendraient à Paris à une tenue minimum de 1m15 à 1m20 dans les plus basses eaux.

Ce système, dit encore M. Berthier, serait la continuation très-améliorée de ce qui existe. Il aurait l'avantage de ne point jeter dans les habitudes de la marine une brusque perturbation. Il satisferait ou au moins concilierait tous les intérêts en présence : ceux de la marine et du commerce de bois, la remonte comme la descente, etc.

Les lettres de MM. Denis-Pellerin et Percheron sont conçues dans le même esprit.

MM. Hédouin et Baillet envisagent la question de la même manière. Ils pensent que l'avis émis par M. Berthier devra rallier la grande majorité des intéressés.

Fait à Paris les jour, mois et an susdits.

Et ont les Membres présents de la Sous-Commission signé après lecture.

7e SÉANCE

Et le 27 juin 1865, à une heure de l'après-midi, les Membres de la Sous-Commission des barrages de la Seine, convoqués suivant l'usage, se sont réunis au siége de la Compagnie du commerce des bois à brûler, quai de Béthume, n° 20, pour continuer l'enquête ordonnée par la Commission sur les diverses questions soumises à son examen.

Présents : MM. de Hercé, rapporteur, suppléant M. le Président absent, Duflocq, secrétaire.

Ont répondu à l'invitation qui leur a été adressée de faire connaître leurs observations à la Commission les intéressés ci-après nommés, savoir :

1° M. Delpech, agent général de la Compagnie du touage de la basse Seine ;

2° M. Hoffet, maître de marine, demeurant à Paris, intéressé à la navigation de la basse Seine, et déjà entendu comme intéressé à la navigation de l'Yonne et de la haute Seine ;

3° M. Paillard, maître de marine à Montereau ;

4° M. Benoist jeune, maître de marine au même lieu ;

5° M. Ducloux, maître de marine à Château-Neuf-sur-Loire ;

6° M. Guyon, maître de marine à Montargis ;

M. Delisle, directeur de la Compagnie des Express ; M. Meilhon, maître de marine à Sens ; MM. Suard et Guingand, maîtres de marine à Montargis ; M. Girard-Fouqueau, maître de marine à Briare ; M. Fouqueau-Landré, maître de marine à Fay-aux-Loges ; M. Fontaine, maître de marine à Laroche, et M. Chaize fils, entrepreneur de transports par eau à Meaux, également appelés, ne se sont pas rendus à cette invitation.

La séance ouverte, M. le Président fait connaître les propositions adressées à l'Administration supérieure et qui ont pour but d'utiliser de la manière la plus avantageuse pour la batellerie et le flottage des bois en trains les douze barrages étagés sur la Seine entre Paris et Montereau, et il résume les divers avis recueillis sur ces propositions que la Commission est chargée d'examiner.

Après cet exposé, les intéressés présents sont successivement entendus.

M. Delpech dit que, jusqu'à l'achèvement des travaux projetés pour la canalisation de la Seine dans Paris et en aval, les intérêts de la batellerie qui fréquente la basse Seine réclament impérieusement le maintien de l'état de choses actuel qu'il s'agit simplement d'améliorer à l'aide de quelques barrages destinés à fortifier les flots qui produisent à des époques périodiques les éclusées ou retenues qui ont lieu sur l'Yonne.

Voici les raisons principales sur lesquelles il appuie son opinion :

De juillet à octobre, époque ordinaire des grandes sécheresses, le plan d'eau descend souvent à plus de 20 centimètres au-dessous de l'étiage, à l'échelle du Pont-Royal. Cet abaissement n'a été que de 19 centimètres l'année dernière, mais il s'est élevé, en 1863, jusqu'à 26 centimètres. Le zéro à l'échelle du Pont-Royal correspond à $0^{m}90$ centimètres de mouillage. Lors donc que l'eau est descendue à 20 centimètres au-dessous de l'étiage, il n'y a plus dans le chenal navigable qu'un mouillage de $0^{m}70$ centimètres : c'est l'état de la basse Seine pendant la durée des affameurs; c'est aussi, sauf peut-être une légère amélioration, celui qui résulterait en tout temps de la canalisation de la haute Seine entre Paris et Montereau, si cette mesure, qui ne saurait être regardée quant à présent comme utile, était appliquée. Les éclusées de l'Yonne, au contraire, produisent régulièrement, deux fois par semaine, un flot, en moyenne de 35 centimètres, sur lequel la batellerie est habituée à compter, et dont elle profite pour remonter la Seine de La Briche-Saint-Denis à Paris, ce qui lui évite des frais considérables d'allégement. La fermeture continue des barrges de la haute Seine enlèverait complétement cet avantage, et leur manœvre accidentelle, si elle avait lieu telle qu'elle est proposée, ne modifierait en rien l'effet de cette canalisation. Dans l'un comme dans l'autre cas, les éclusées de l'Yonne se tamiseraient à travers les barrages de la Seine et ne produiraient à Paris et en aval que des crues insignifiantes et irrégulières.

Voulant bien faire comprendre le préjudice que la suppression immédiate des éclusées causerait aux intéressés à la navigation de la basse Seine, et prenant pour base de son raisonnement la batellerie du Nord, qui figure dans le trafic pour le chiffre de 1,800,000 tonnes, M. Delpech dit que les péniches arrivent à La Briche, chargées de

230 tonneaux environ, que, pour remonter la Seine jusqu'à Paris, par les plus basses eaux, une allége suffit si la remonte est facilitée par le flot que produisent les éclusées, qu'autrement il en faudrait trois.

Il ajoute que la suppression des éclusées rendrait la position des bateaux picards plus mauvaise encore, parce que la plupart de ces bateaux, chargés de pierres, partent avec connaissance des flots, que les chargements ont lieu en conséquence, et qu'il n'y a pas d'allégement possible à La Briche pour cette sorte de marchandise, à moins que l'on ne s'impose les sacrifices les plus grands.

Enfin, il fait remarquer que les bateaux à vapeur ne peuvent marcher, même à vide, sans flot.

Il termine en exprimant le vœu que les barrages de la Seine, entre Montereau et Paris, ne soient mis en activité que lorsque ceux qui sont projetés dans Paris et la basse Seine seront achevés et en état de fonctionner, et que jusque-là le système d'éclusées actuellement appliqué à la navigation dont il s'agit soit continué, mais amélioré autant qu'il sera possible, et ce, non-seulement pendant les mois où l'eau est généralement abondante, mais encore et surtout à l'époque des sécheresses, c'est-à-dire de juillet à octobre.

M. Hoffet se range à l'opinion de M. Delpech. Suivant lui, les flots que produisent les éclusées de l'Yonne ne servent pas seulement à la batellerie du Nord, ils sont nécessaires aussi aux bateaux dirigés sur l'Est et qui empruntent la basse Seine jusqu'à Conflans. Au moyen des flots, l'Oise se trouve reliée à Paris. Si la batellerie en était privée, elle serait dans l'obligation d'alléger ou de camionner les marchandises à la Villette pour les y charger. Ces deux extrémités, également onéreuses, rendraient ce genre de transports impossible, la modicité du fret excluant tout surcroît de dépenses.

M. Paillard, intéressé à la navigation de l'Yonne et de la haute Seine, dit que la fermeture continue des barrages, entre Montereau et Paris, dans la situation actuelle des choses, serait plus onéreuse que profitable à la marine. A son avis, et jusqu'à l'achèvement des travaux de canalisation de la basse Seine, il ne faut se servir de ces barrages que comme d'auxiliaires des éclusées, et pour les fortifie quand cela est nécessaire. Il pense qu'il suffira d'en manœuvrer sept : ceux de Varennes, de Champagne, de la Cave, des Vives-Eaux, du Coudray, d'Ablon et du Port-à-l'Anglais.

Il pense également que la coïncidence des éclusées de l'Yonne et de la Seine, qui arrivent toujours l'une après l'autre, produirait un heureux effet en ce que le flot serait plus considérable et permettrait de charger davantage les bateaux.

M. Benoist partage l'avis de M. Paillard. Il ajoute qu'avec ce système d'éclusées on rendra les bateaux à Paris avec plus de charge et plus facilement que si les barrages étaient constamment levés, puisque dans ce dernier cas il n'y aurait entre le Port-à-l'Anglais et l'île Louviers que de 80 à 90 centimètres d'eau dans le chenal.

MM. Ducloux et Guyon expliquent que les intérêts de la marine des canaux d'Orléans, de Briare et du Loing exigent que la Seine soit libre autant que possible, à partir de Saint-Mammès, qu'en temps d'eaux basses on doit se servir des barrages de la Seine, seulement pour fortifier les éclusées de l'Yonne, mais que trois peuvent suffire à ces besoins : ceux de Champagne, la Cave et Evry. Ils ajoutent que moins on en mettra en activité, mieux cela vaudra, parce que ces manœuvres, trop répétées et faites sur un point rapproché de Paris, sont toujours des causes de retards et augmentent dans une trop forte proportion les flots et les affameurs qui se produisent alternativement.

De ce que dessus il a été dressé le présent procès-verbal, à Paris, les jour, mois et an susdits.

Et ont signé les Membres présents de la Sous-Commission.

2° Lettres adressées à la Sous-Commission.

A Monsieur le Président et à Messieurs les Membres de la Commission.

MESSIEURS,

Les entrepreneurs de marine, soussignés, demeurant à Chalon-sur-Saône, ont appris qu'une commission a été instituée pour donner son avis sur le plus ou le moins d'opportunité qu'il y aurait à fermer dès maintenant les barrages de la haute Seine entre Paris et Montereau.

Persuadés que cette Commission ne saurait trouver mauvais que les vœux et les besoins de la batellerie de la Saône et du Rhône lui fussent exposés, les soussignés prennent la liberté, Messieurs, de vous faire connaître que, dans leur opinion, la fermeture des barrages de la haute Seine ne peut avoir que de très-heureux résultats pour la navigation et le commerce en général.

Leur industrie est dans un état de malaise qui ne saurait se prolonger plus longtemps sans compromettre gravement leurs intérêts; ils verraient donc avec la plus grande satisfaction, Messieurs, que la commission voulût bien donner un avis conforme à leurs désirs. Ils pensent que, dans l'intérêt général de toutes les batelleries qui naviguent sur la haute Seine, il serait nécessaire que les barrages fussent fermés en tout temps, c'est-à-dire toutes les fois que les eaux n'atteindraient pas 1m40 ou 1m30 au minimum.

Pleins de confiance en votre intelligence des besoins de la navigation, les soussignés vous prient d'insister pour que des ordres soient donnés à ce sujet par Son Excellence le Ministre de l'agriculture, du commerce et des travaux publics, et que, tout au moins, il soit fait, durant un laps de temps assez long, des expériences qui puissent démontrer si réellement cette fermeture des barrages doit être avantageuse ou préjudiciable.

Dans l'attente de votre avis favorable, les soussignés sont avec la plus respectueuse considération,

Messieurs,

Vos très-humbles serviteurs,

Signé : FAVRE fils aîné.
Jules FAVRE.

GOREL-NŒLE. — BESTON. — B. VERMIN. — A. CHATILLON. — L. CHATILLON. — L. HAVAY fils aîné. — BOULESSET et FAVRE fils. — Ant. FAVRE. — L. THIERRY. — G. GRANA. — FAVRE. — AUBEUF. — PAULIN. — J. CORME. — André BATHIAS. — PENAUD. — J. NANTES. — DREVET aîné. — FAVRE fils cadet. — A. BRUNEL. — Etienne DREVET. — VERRIER frères. — CHARRIER fils. — BORTAUX. — J. COUREAU.

A Monsieur J. Chagot, président de la Commission des barrages de la haute Seine.

MONSIEUR LE PRÉSIDENT,

Les entrepreneurs de transports par eau, soussignés, à Chalon-sur-Saône, en présence de la sécheresse et des basses eaux dont ils sont menacés sur la Seine, comme tous leurs confrères de la batellerie, viennent vous prier d'être assez bon pour réunir le plus tôt possible MM. les Membres de la Commission instituée par Son Excellence le Ministre de l'agriculture, du commerce et des travaux publics, à l'effet de se prononcer d'une manière définitive sur la question de savoir s'il y a, *oui ou non*, opportunité de fermer les barrages entre Paris et Montereau.

Ils ont appris que ce qui retarde cette fermeture et semble vouloir y mettre obstacle, ce serait le flottage. Et cependant les trains pouvant, comme les bateaux, passer par les écluses, les soussignés ne comprennent pas pourquoi ils seraient exempts de le faire, pourquoi l'intérêt général serait sacrifié aux répugnances mal fondées d'une industrie qui peut parfaitement naviguer dans les mêmes conditions que la batellerie.

Comment les soussignés font-ils sur le canal du Rhône au Rhin et sur la Saône? Ils n'y trouvent point d'écluses pouvant tenir dix bateaux comme celles de la Seine, et cependant bateaux, radeaux et trains passent parfaitement, sans autre secours que celui de deux hommes préposés à la conduite de chacun.

Veuillez, Monsieur le Président, mettre ces observations sous les yeux de la Commission; les soussignés ne doutent pas que les membres qui la composent n'en apprécient la valeur, et que, par suite, ils ne donnent un avis favorable et tel que la batellerie le désire sur l'importante question qui leur est soumise.

Pleins de confiance en votre bienveillante intervention, les soussignés sont avec la plus respectueuse considération,

Monsieur le Président,

Vos très-humbles et très-dévoués serviteurs,

Signé : FAVRE fils aîné. — FAVRE-AUBEUF. — Laurent THIERRY. — Ant. CHATILLON. — Jules FAVRE. — CHARRIER fils. — An. SOULAS. — BESSON-GUY.

Chalon sur-Saône, le 19 mai 1865.

A Monsieur l'Ingénieur en chef de la navigation de la haute Seine.

MONSIEUR,

J'ai l'honneur de vous exposer respectueusement qu'étant autorisé à établir un service de bateaux à vapeur pour le transport des voyageurs entre Paris et Montereau je me suis mis en mesure de le commencer, comptant que l'on utiliserait sous peu les barrages de la haute Seine.

Je suis convaincu que cette entreprise ne peut se soutenir qu'à l'aide du transport des messageries et des fruits que reçoivent ou expédient les riverains, et si, contre mon attente, les barrages ne fonctionnaient pas, je ne pourrais rechercher ces transports et j'abondonnerais ce service, qui même autrefois n'a jamais pu être fait régulièrement et a été souvent interrompu par le manque d'eau, quoique faisant uniquement le transport des voyageurs.

Le temps faisant prévoir des basses eaux, je viens, Monsieur l'Ingénieur en chef, solliciter de votre bienveillance la mise en activité de cette canalisation, si bien appropriée à la navigation de la haute Seine, et j'ose espérer que, reconnaissant en ceci l'intérêt public, vous daignerez prendre ma demande en considération.

C'est avec le plus profond respect, Monsieur l'Ingénieur en chef, que j'ai l'honneur d'être votre très-humble serviteur.

Signé : F. HENNUY.

A Monsieur Sirmin, agent général du commerce de bois à brûler.

MONSIEUR,

Il m'est tout à fait impossible de me rendre à votre réunion de samedi 20 courant; je pense que cette réunion a pour but de savoir si les barrages doivent être levés constamment ou s'ils ne fonctionneront que les jours d'éclusées seulement. Je crois qu'il serait inutile, quant à présent, de les lever; toutefois, dans l'intérêt de la navigation, en attendant que les barrages de l'Yonne soient terminés, je crois qu'il est nécessaire de suivre toujours le même système et le même règlement, c'est-à-dire de faire deux éclusées par semaine en l'Yonne; on pourrait fermer le barrage de Varennes la veille des éclusées de l'Yonne, de manière à tenir l'eau dans les ports de Montereau et Courbeton à 1 mètre 10 centimètres. Il faudrait également lever celui de Champagne pour maintenir l'eau dans le bac du Loing et dans le baissier de Saint-Mammès, ainsi que ceux de Melun et de Soisy-sous-Etiolles : ces quatre barrages fonctionneraient pour se trouver en rapport avec l'éclusée de l'Yonne. Il faudrait également que l'éclusée de la petite Seine arrivât à Montereau en même temps que l'éclusée de l'Yonne; de cette manière je crois que l'on pourrait toujours charger a 1 mètre 20 centimètres, et si l'on bouchait tous le barrages de la Seine, les jours d'éclusées où il arrive à Montereau soixante ou quatre-vingts couplages de bois à brûler et une centaine de bateaux, où cela conduirait la navigation, il y aurait des bateaux qui couleraient à fond avant que leur tour d'écluser n'arrivât.

J'ai bien l'honneur d'être, Monsieur, votre très-humble et très-obéissant serviteur.

Signé : PERCHERON.

Seine-Port, le 28 avril 1865.

A Monsieur l'Ingénieur en chef de la navigation de la Seine.

MONSIEUR L'INGÉNIEUR,

Les habitants de Seine-Port ont appris avec la plus vive satisfaction qu'un service de bateaux à vapeur pour le transport des voyageurs allait être établi entre Paris et Melun; mais, pour qu'un pareil service puisse réussir et subsister, il est indispensable que la Seine soit rendue navigable surtout en cette saison.

Vous rendriez donc, Monsieur l'Ingénieur, un immense service, non-seulement à la navigation, mais aux communes riveraines de la Seine, en ordonnant le fonctionnement des barrages d'une manière régulière, et vous contribueriez ainsi à assurer l'établissement d'un service de bateaux à vapeur qui présente une véritable utilité publique, pour ma commune en particulier, et dont mes administrés auraient la plus grande reconnaissance.

Veuillez agréer, Monsieur l'Ingénieur en chef, l'assurance de ma respectueuse considération.

Le maire de Seine-Port,

Signé : MOREL.

Montereau, le 10 mai 1865.

MONSIEUR L'INGÉNIEUR,

Lorsque la Seine arrive, par la baisse successive des eaux, à un certain niveau, vous savez qu'il ne reste plus, sur le busc d'aval de l'écluse de Saint-Mammès, une hauteur d'eau suffisante pour permettre aux bateaux du canal de sortir de cette écluse pour entrer en

Seine. Cet état de choses a un grand inconvénient, non-seulement pour les bateaux destinés à descendre à Paris avec l'éclusée, mais surtout pour ceux qui sont destinés à transborder dans d'autres bateaux plus grands. En effet, pour les premiers on obvie à cet inconvénient en bouchant le barrage de Champagne la veille de l'éclusée, ce qui donne assez de temps pour écluser les bateaux; je suis allé moi-même solliciter cette mesure l'année dernière, et vous avez eu l'obligeance de donner des ordres immédiats : dès aujourd'hui sur ce point on satisfait la marine; mais il y a le second intérêt en souffrance, ainsi que je vais l'indiquer. Un grand nombre de bateaux remontent de Saint-Mammès à Nemours, chargés de sables destinés aux verreries et fabriques de glaces de la France et de la Belgique, et principalement de l'Angleterre ; les bateaux reviennent à Saint-Mammès et, à leur sortie du canal, on les vide dans des bateaux plus grands, auxquels leur dimension interdit l'entrée du canal. Or supposons que ces bateaux arrivent à Saint-Mammès un mardi ou un vendredi, lendemain de l'éclusée. Il faut attendre deux ou trois jours sans pouvoir sortir les bateaux, et, par suite, sans pouvoir non plus retourner charger à Nemours (car il y a des grands bateaux qui portent la charge de cinq petits); d'un autre côté, si on ne peut sortir que le jour de l'éclusée, pendant le temps qu'on transborde, l'éclusée se passe et il faut attendre la suivante; mais dans l'intervalle de l'éclusée, du lundi au jeudi, les bateaux n'ont pas le temps de retourner à Nemours et de revenir à Saint-Mammès; ils ne peuvent y arriver *qu'après l'éclusée* ; au lieu de deux jours cela leur fait perdre près de huit jours. Pour éviter ces ennuis, qui se traduisent en pertes énormes et empêchent d'entreprendre certaines fournitures importantes, pensez-vous qu'il serait possible, au moyen d'une faible retenue à Champagne, de donner sur le busc de l'écluse l'eau nécessaire à la sortie des bateaux du canal ?

Je pose simplement la question. Si elle pouvait être résolue affirmativement, ce serait un grand avantage. Je prévois bien les objections. Mes cousins, les agents du touage, se plaindront sans doute et avec raison, si on bouche complétement; mais je crois qu'une faible retenue suffirait, et dès lors, il n'y aurait pas d'affameur à l'aval. Du reste, le but de cette lettre est principalement de solliciter la mise à exécution de ce qui s'est fait depuis deux ans déjà, c'est-à-dire la fermeture du barrage la veille des éclusées, en ayant soin de ne déboucher qu'à la pointe de l'éclusée. Par la même occasion j'ai abordé le côté de l'amélioration complète de la sortie du canal. Il ne manque jamais beaucoup d'eau sur le busc de l'écluse, et la moindre retenue en donnerait sans doute assez. A ce sujet je m'en rapporte à votre décision, et si vous désirez de plus amples explications verbales, veuillez me le faire savoir par M. Dubroux, votre agent à Montereau, et je me rendrai à Fontainebleau.

Veuillez agréer, Monsieur l'Ingénieur, avec mes remercîments anticipés, mes civilités respectueuses.

Signé : AD. BERTHIER.

Paris, le 13 mai 1865.

MONSIEUR,

Comme vous avez bien voulu m'y autoriser, j'ai l'honneur de vous soumettre mes observations concernant la canalisation de la haute Seine, par rapport à notre service de bateaux à vapeur sur ce parcours.

Pour pouvoir faire un bon service en ce pays, nous devons désirer que le niveau de l'eau ne descende pas au-dessous de 1 mètre 10 centimètres, et, qu'à partir de ce niveau, l'on utilise entièrement la canalisation. Car il ne suffit pas qu'un bateau de voyageurs puisse franchir un baissier ; quand ils sont aussi nombreux, il est convenable qu'il puisse conserver une marche suffisante et qu'il ne soit pas exposé à trouver trop fréquemment des bateaux retenus dans ces baissiers par le manque d'eau.

M. Antoine, qui avait entrepris ce service trois ans de suite, me disait hier que les basses eaux l'avaient, chaque année, forcé d'arrêter pendant sa plus belle saison, et que c'était la cause qui l'avait déterminé à abandonner cette entreprise.

C'est avec le plus profond respect, etc.

Signé : HENNUY.

Montereau, le 19 mai 1865.

Messieurs,

Je me vois, avec regret, obligé de manquer à la promesse faite hier à M. Sirmin de me trouver devant vous, à Paris, samedi à dix heures; mais je pense qu'un résumé de ce que j'aurais pu vous dire de vive voix pourra compenser ma présence. Il s'agit, si je ne me trompe, de savoir quel usage il convient de faire, dans l'état actuel des choses et jusqu'à l'achèvement des travaux de l'Yonne, des douze barrages de Paris à Montereau. Si on les fermait complétement et que l'on obtînt 1 mètre 60 centimètres, les bateaux ne pourraient aller, à cette tenue, que jusqu'au Port-à-l'Anglais. La mesure serait donc inutile pour tous les bateaux allant à Paris ou plus loin. Ainsi donc, sans même tenir compte des difficultés des éclusées de l'Yonne, il suffit que l'on manque d'eau à l'arrivée à Paris pour exclure, jusqu'à nouvel ordre, l'idée de fermer les barrages. Mais, quand bien même encore on aurait 1 mètre 60 centimètres dans la traversée de Paris, je me demande si la mesure serait praticable; au point de *vue de l'intérêt personnel*, je le désirerais vivement; mais je pense qu'à chaque éclusée de l'Yonne il y aurait un encombrement produit par l'arrivée simultanée des bateaux et des couplages. En résumé, et pressé d'arriver à la conclusion, voici ce que je désirerais voir exécuter le plus tôt possible :

1° L'éclusée de la petite Seine (de Nogent à Montereau), qui arrive la veille de celle de l'Yonne, devrait être lâchée de manière à arriver le même jour : le volume d'eau de cette éclusée augmenterait celle de l'Yonne d'au moins 10 à 15 centimètres. Je sais toutes les objections faites à ce sujet, je les ai discutées cent fois et je persiste à penser que l'intérêt général exige que les deux éclusées arrivent ensemble à Montereau. La chose est faisable, et non-seulement elle est possible, mais assez facile, et elle a, d'ailleurs, existé déjà ; mais la marine de la petite Seine s'y oppose par des motifs d'intérêt personnel et surtout par esprit de routine, car je crois qu'elle ne comprend pas bien ses intérêts : cette éclusée devrait arriver à Montereau environ quatre heures avant celle de l'Yonne.

2° Sur les douze barrages il suffirait d'en employer quatre à maintenir et fortifier l'éclusée, savoir : celui de Varennes, qui permettrait aux bateaux de la petite Seine et du port de Montereau de se préparer pour l'éclusée; ensuite celui de Champagne, qui devrait être fermé la veille de l'éclusée pour permettre aux bateaux du canal de sortir de l'écluse de Saint-Mammès, et enfin ceux de Melun et d'Évry. Il est presque certain que ces bateaux descendraient à Paris à une tenue *minimum* de 1 mètre 15 centimètres à 1 mètre 20 centimètres dans les plus basses eaux.

Ce système serait la continuation très-améliorée de ce qui existe. Il aurait l'avantage de ne point jeter dans les habitudes de la marine une brusque perturbation. Il satisferait ou au moins concilierait tous les intérêts opposés : ceux de la marine et du commerce de bois, la remonte comme la descente, etc.

Je demanderais donc, en résumé :

1° Coïncidence de l'arrivée à Montereau de l'éclusée de la Seine avec celle de l'Yonne (quatre heures d'avance au plus);

2° Fermeture la veille de l'éclusée (vingt-quatres heures auparavant) des barrages de Champagne et de Varennes, Champagne surtout. Il suffirait, la veille, de faire une petite retenue suffisante pour sortir de l'écluse de Saint-Mammès ou pour donner un peu d'eau dans le port de Montereau, puis, le matin de l'éclusée, de fermer complètement;

3° Fermer (seulement cinq heures auparavant) l'éclusée des barrages de Melun et d'Évry.

Si la Commission désire poser d'autres questions et qu'il soit temps encore dans le cours de la semaine prochaine, j'aurai besoin d'aller à Paris et je me mets à sa disposition.

Pour le barrage de Champagne, il y aurait un autre usage à en faire qui rendrait de grands services : ce serait d'y faire une retenue permanente, suffisante pour que l'on pût sortir du canal. Le temps et l'espace me manquent pour développer ces raisons; mais elles ne manquent pas de valeur, et je les ai exposées dans une lettre à M. l'Ingénieur en chef.

Je prie ces Messieurs de la Commission d'excuser mon griffonnage et les négligences d'une rédaction faite *currente calamo* en faveur des idées qui devront être, je le pense, celles de la majorité.

Signé : AD. BERTHIER.

Brienon, le 18 mai 1865.

MONSIEUR LE RAPPORTEUR DE LA COMMISSION,

Lors de notre dernière entrevue vous me demandiez mon avis sur la fermeture des barrages de la Seine entre Paris et Montereau. A mon point de vue, je ne vois pas l'utilité de tenir ces barrages fermés constamment, tant que les travaux ne seront pas finis complétement entre Auxerre et Paris.

Mon avis serait de fermer tous les barrages qui peuvent fonctionner la veille ou l'avant-veille des éclusées, et de les déboucher à l'éclusée qui vient de l'Yonne, pour donner un flot et rendre les bateaux à Paris, à leur port, sans difficulté.

Recevez, etc.

Signé : DENIS PELLERIN.

Samois, le 19 mai 1865.

A Messieurs les Membres de la Commission.

MESSIEURS,

Je désire que les barrages restent ouverts et que nous puissions marcher comme par le passé, et que les déversoirs soient levés dans les endroits utiles.

Signé : BERTAUT.

A Messieurs les Membres de la Commission des barrages.

Fontaine-le-Port, le 27 mai 1865.

MESSIEURS,

Il m'est impossible de me rendre à votre réunion; mais permettez-moi de vous faire quelques observations et de vous donner mon avis sur la question des barrages.

Avec la fermeture de quelques barrages seulement, ceux par exemple de Champagne, Melun et Étiolles, les éclusées venant de l'Yonne seraient, à mon avis, suffisantes pour donner de l'eau jusqu'à Paris. Nos bateaux pourraient arriver à destination avec leurs charges ordinaires. Je crois que ce système serait préférable à celui qui demande la fermeture de tous les barrages.

Agréez, Messieurs, mes salutations.

Signé : CHEVRIER.

Saint-Mammès, le 27 mai 1865.

A Messieurs les Membres de la Commission pour les barrages de la haute Seine.

MESSIEURS,

N'ayant pu me rendre à vos réunions, je viens vous soumettre mon opinion. Jusqu'à l'achèvement complet des barrages de l'Yonne, le mode de navigation par éclusées, avec concours de l'Yonne, serait toujours préférable aux barrages relevés en Seine. Si, toutefois, l'eau venait basse, on pourrait, en faisant fonctionner ceux de Champagne, Melun et Étiolles, produire assez d'eau pour descendre les bateaux à la tenue du canal du Loing.

Recevez, Messieurs, mes salutations empressées.

Signé : M. MARIN.

A Messieurs les Membres de la Commission des barrages de la haute Seine.

MESSIEURS,

N'ayant pu me rendre près de vous pour vous faire connaître mon avis sur la fermeture des barrages, je viens vous dire aujourd'hui que je désire qu'il y ait le moins de barrages possible de fermés, afin de pouvoir nous rendre en deux jours de Saint-Mammès à Paris avec nos bateaux.

Recevez, Messieurs, l'assurance de ma parfaite considération.

Signé : FOUQUEAU-LANDRÉ.
Marinier à Fay-aux-Loges

A Monsieur Chagot, président de la Commission instituée pour les barrages de la haute Seine.

Appelés devant la Sous-Commission à donner notre avis touchant les mesures proposées par l'Administration sur l'usage des douze barrages de la haute Seine, nous avons appris qu'aux réunions précédentes composées de mariniers de la haute Seine il avait été presque arrêté que les barrages entre le Port-à-l'Anglais et Montereau resteraient complétement levés pendant les mois d'août, septembre et octobre.

Un des arguments de l'Administration est celui-ci : que puisque les écluses et les barrages ont été établis, c'est pour s'en servir, et que, par conséquent, la batellerie aurait tort en n'en faisant pas usage et en voulant revenir à l'ancien système de navigation.

Cet argument n'est pas rigoureusement juste en ce que les barrages de la haute Seine qui font avec ceux de la basse Seine un système de navigation partiel ne pourront rendre de complets services que quand ils seront reliés ensemble par l'écluse de Suresnes et le barrage de Paris.

Il reste donc une lacune entre La Briche et Paris, et c'est ce parcours que la nouvelle mesure viendrait à interdire à la navigation pendant le temps des basses eaux.

En conséquence, nous, entrepreneurs de transports entre Paris et Londres, qui avons fait fonctionner depuis sept années un service de navires à vapeur, lesquels, par la nature spéciale de leur service, comportent un certain tirant d'eau, et ayant compté sur un état de choses établi depuis longues années sur la haute Seine, état de choses permettant à nos navires, aux époques des basses eaux, de remonter de La Briche au port Saint-Nicolas, par le moyen des éclusées de l'Yonne venant deux fois la semaine; nous nous verrions, par suite de la suppression desdites éclusées, obligés de suspendre notre navigation, l'aliment fourni par ces écluses ne nous arrivant que trop affaibli en passant sur les douze barrages de la haute Seine.

Nous venons donc, Monsieur, vous prier d'être auprès de la Commission l'interprète de nos besoins, et nous sommes convaincus qu'elle ne prendra pas une mesure qui causerait un grand préjudice à nos essais de navigation internationale ainsi qu'à tous les services de la basse Seine entre le Havre et Paris.

Veuillez agréer, Monsieur, nos salutations empressées.

Signé : GAUDET FRÈRES.

A Monsieur Chagot, député au Corps Législatif, président de la Commission des barrages de la haute Seine.

MONSIEUR LE PRÉSIDENT,

Nous avons appris qu'il a été proposé à la Commission des barrages de la haute Seine un système entre autres qui consisterait à lever les barrages depuis le mois d'août jusqu'en novembre ou décembre, c'est-à-dire pendant la durée des basses eaux.

Nous venons, Monsieur le Président, appeler l'attention de la Commission sur les inconvénients extrêmement graves que présenterait une pareille solution pour toute la navigation de la basse Seine, en aval de Paris, à laquelle les barrages levés à partir d'août porteraient un préjudice considérable.

En effet, à cette époque de l'année, cette navigation, dont l'importance annuelle se résume en un tonnage de 1,800,000 tonnes, entre Conflans, La Briche et Paris, ne peut s'effectuer au-dessous de La Briche, et souvent même les bateaux ne peuvent gagner ce point pour entrer dans le canal Saint-Denis qu'à l'aide des éclusées de l'Yonne, qui leur donnent de 20 à 25 centimètres de crue.

Avec les barrages levés, les effets des éclusées seraient complétement annihilés, car les eaux en provenant, retenues dans les biefs, perdraient d'abord sensiblement par l'évaporation, par l'imbibition des terres riveraines, et en passant à travers les hausses, et ce qui en arriverait peu à peu à Paris et en aval, après avoir été amorti et divisé par les obstacles que lui créeraient les douze barrages à franchir, donnerait à peine 3 centimètres en moyenne en vingt-quatre heures, c'est-à-dire ne pourrait produire aucune espèce de résultat utile.

Dans ces conditions, les bateaux même expédiés de la haute Seine pour les ports de la basse Seine ou ceux d'Ivry et de Bercy n'auraient plus assez d'eau au-dessous du Port-à-l'Anglais pour arriver jusqu'à leur destination.

Quant à la navigation de Rouen à Paris, à celle de l'Oise, des canaux du Nord et de l'Est, nous le répéterons, elle se trouverait complétement privée des ressources des éclusées à l'époque où elles lui sont le plus indispensables.

Ce serait une mesure désastreuse pour cette navigation, que celle qui la priverait de ces ressources, et nous insisterons vivement auprès de la Commission pour qu'elle veuille bien se prononcer contre l'emploi *actuel* des barrages de la haute Seine qui, se rattachant à un système général que le barrage de Suresne et celui du Pont-Neuf doivent compléter, ne peuvent, tant que ces ouvrages ne seront pas eux-mêmes exécutés, fonctionner sans nuire au moins à une partie considérable des transports qui s'effectuent par la Seine.

Toutefois, nous pensons qu'en attendant trois ou quatre de ces barrages pourraient servir comme auxiliaires des éclusées, et qu'en les levant pendant quelques heures pour arrêter et renforcer le flot on obtiendrait d'excellents résultats, qui se traduiraient par une augmentation importante de l'effet des lâchures à Paris et au-dessous.

Nous avons l'honneur d'être, Monsieur le Président, vos très-humbles et très-obéissants serviteurs.

Delabrousse, Pottet et Lefebvre, entrepreneurs de transports par eau.
Delpech, agent général du touage de la basse Seine (Conflans à Paris).
Delisle, chef d'exploitation de la Compagnie Anonyme des Porteurs et Express.
U. Lefebvre, pour le service A. Deprets.
Drapier (Jules), maître de marine.
A. Lefranc, id.
J. Huon, id.
C. Decamps, id.
Pavot frères, id.
Drapier (Napoléon), id.
A. Gardin, id.
Lamare-Drapier, id.
Pique. — Fernez. — J. Ravau. — J. Dapsenu. — J.-B. Ponchaux. — Balories (Jules). — Daire père et fils. — Dufour (Jean). — Delval. — J.-B. Pavot. — Henri Quennecière. — Bourgeois. — Émile Delmez. — Boudois. — G. Lefevre. — Castel. — L. Vaillant. — Bob (Auguste). — Hennicle. — Pierre Guisot. — Menu. — A. Tranchant. — Mathiss. — Hoffer. — A. Blondeau. — Tous mariniers ou entrepreneurs de transports.
Ed. Roux, pour la Compagnie d'assurances générales maritimes.
Larget, service de bateaux à vapeur.
Ed. Duchemin, id.
E. Rousseau, Depeaux, négociants en charbon du Nord.
Hedouin-Borde, Fretigny, Brunel, Tantet et Gilles, dit Cardin, maîtres de marine sur la basse Seine.

Les mariniers suivants :

Louis Picard. — Louis Grélon. — Doloy. — Thomas. — A. Bourgeois. — Cuinier. — Baugin. — Labbé. — Choteau. — Routier. — Pierre Dumez. — Guerdin. — Legrand. — Alfred Leleu. — Joseph Degage. — Jacques Dartois. — J.-B. Amarid. — Watteau. — Guissez. — Liénard Louis. — L. Picard. — Charles Blondeau. — Lucien Masy. — Désiré Amand. — Victor Gbellam. — Fernez. — Bouvignies. — Comer fils. — Wiart. — Lebrun. — Walbrecq Jules. — Hubert Nimal. — Dartois. — Mme Hugues. — Bachelet. — Mocrette. — Benoncourt. — Blondeau. — Coudoux. — Blasneaux. — J. Lesecq. — Carpentier. — Kamerment. — Eug. Ruffin.

Il nous reste, Messieurs, à vous faire connaître l'avis de MM. les ingénieurs, Romang, Ingénieur en chef, et Vaudrey, Ingénieur ordinaire, chargés de la traversée de Paris, et de M. Beaulieu, Ingénieur en chef de la basse Seine.

MM. Romang et Vaudrey, examinant la question au seul point de vue de leur service, nous ont déclaré qu'ils considéraient comme très-regrettables toutes les mesures ayant pour résultat d'occasionner des affameurs dans Paris; ainsi que cela a eu lieu en 1864, lorsque les retenues ont été effectuées à diverses reprises pour faire des expériences aux barrages de la haute Seine. Ils croient que si, les barrages étant habituellement fermés, des lâchures étaient pratiquées pour donner passage aux trains de bois, des affameurs se produiraient dans Paris après chaque relèvement des barrages.

Ils croient qu'il en serait ainsi quand bien-même le barrage du Port-à-l'Anglais resterait constamment fermé, parce que la retenue produite en amont pour remplir les biefs supérieurs aurait toujours pour résultat d'arrêter le courant de la rivière et de l'empêcher de venir alimenter le bassin de Paris. MM. Romang et Vaudrey sont donc formellement d'avis que si les douze barrages de la haute Seine sont levés, ils ne devront plus être abaissés qu'au moment où l'état de la rivière permettra de naviguer sans le secours des retenues.

M. Beaulieu est également d'avis qu'il faut écarter toute mesure ayant pour résultat d'amener des affameurs dans Paris; il croit que le système mixte qui consiste à tenir les barrages fermés pendant les basses eaux, et à les ouvrir de temps en temps pour donner passage aux trains de bois, amènerait forcément ce résultat. Mais M. Beaulieu croit qu'il est très-utile, sinon indispensable, de conserver, dans l'intérêt de la navigation de la basse Seine et du Nord, le système actuel des éclusées, que les lâchures produisent dans Paris et jusqu'à Saint-Denis une crue factice de 20 à 25 centimètres, à l'aide de laquelle les bateaux peuvent monter à l'écluse de la Monnaie ou descendre vers Saint-Denis dans les plus basses eaux à une tenue de 1 mètre 10 centimètres, que les flots de l'Yonne ont eu, dans ces dernières années où les eaux ont été extrêmement basses, l'avantage de permettre aux bateaux garés à La Briche de franchir l'écluse du canal Saint-Denis sans être obligés d'alléger; que les lâchures de l'Yonne se font même sentir en aval de La Briche, et qu'avant la reconstruction du barrage d'Andresy elles permettaient aux bateaux chargés à 1 mètre 80 centimètres de franchir l'écluse de Bougival, lorsque la retenue d'Andresy ne donnait pas un tirant d'eau suffisant sur le busc de cette écluse.

Dans l'opinion de M. Beaulieu, la suppression des lâchures serait une chose *très-regrettable*, tant que le barrage de Suresnes ne sera pas construit; il ajoute que la fermeture des douze barrages de la haute Seine, pendant la saison des basses eaux, équivaudrait à la suppression des éclusées.

En résumé, Messieurs, trois opinions se sont produites dans l'enquête que nous avons faite.

Les uns demandent que les barrages soient levés toutes les fois que l'état de la rivière ne permettra pas de naviguer à une tenue de 1 mètre ou de 1 mètre 30 centimètres.

D'autres demandent que les barrages soient levés après la saison du flottage, c'est-à-dire à partir du 1er août, et seulement quand l'état de la rivière ne permettra pas de naviguer à une tenue de 90 centimètres, suivant les uns, et de 1 mètre, suivant les autres.

D'autres, enfin, sont d'avis que les barrages de la haute Seine ne doivent servir, en attendant la construction des barrages de Suresnes et de l'intérieur de Paris ainsi que l'achèvement de ceux de l'Yonne, qu'à reformer et à fortifier le flot de l'éclusée.

Nous allons examiner et discuter chacune de ces trois opinions.

Nous ne croyons pas qu'il soit possible de songer à appliquer le premier système. Il est évident, Messieurs, que le flottage ne disparaîtra pas avant l'achèvement des travaux de l'Yonne, et qu'il conservera jusqu'à cette époque, pendant les mois de mai, juin et juillet, une importance qu'il est impossible de méconnaître.

Il est également incontestable que si les trains, au lieu de continuer leur voyage, devaient s'arrêter et se garer à Montereau, ils produiraient constamment dans ce port en amont des encombrements très-nuisibles à la navigation. Si, afin de faire cesser l'encombrement produit à Montereau par l'arrivée simultanée d'un grand nombre de trains, les passes étaient ouvertes pour leur livrer passage, ils produiraient, dans le bassin qui les recevrait, l'encombrement qui existait dans le bassin supérieur, et la navigation serait arrêtée successivement dans chaque bief.

Enfin, Messieurs, il ne faut pas oublier que si des lâchures étaient faites, il se produirait, après chaque manœuvre, des affameurs dont il est impossible de prévoir la durée. La navigation se trouverait donc interrompue de Paris à Montereau, tantôt par l'encombrement, tantôt par le manque d'eau.

D'un autre côté, il est certain que les trains de bois sont dans l'impossibilité de naviguer et de se gouverner quand il n'y a pas un fort courant qui les pousse ou une force qui les entraîne, et que, s'ils devaient naviguer de Montereau à Paris en passant par les écluses, ils ne pourraient pas descendre au fil de l'eau sous peine de rester indéfiniment en route et de causer de nombreuses avaries aux bateaux montants ou descendants; il seraient donc obligés de se faire tirer soit par des chevaux, soit par des remorqueurs, non-seulement à l'entrée et à la sortie des écluses, mais aussi dans toute la longueur des biefs. Les dépenses de toute nature que ce nouveau mode de navigation occasionnerait équivaudraient à peu près à une impossibilité de conduire des bois en trains à Paris.

Le système qui consiste à fermer les barrages pendant le temps du flottage est donc impraticable.

Remarquez d'ailleurs que cette mesure n'a guère été réclamée que par des entrepreneurs de la Saône ne venant que très-rarement à Paris et conséquemment fort peu intéressés dans la question.

Le second système a pour objet la fermeture des barrages après l'époque des trains de bois, c'est-à-dire du 1er au 15 août, et tant que la hauteur de l'eau ne permet pas de naviguer à une tenue de 90 centimètres ou de 1 mètre.

Si les deux barrages de Suresnes et de l'intérieur de Paris étaient construits, ce système pourrait être mis à exécution; toutefois, il ne serait pas sans inconvénient pour la batellerie de l'Yonne; elle perdrait le double avantage de l'économie et de la vitesse, qui lui permet de lutter aujourd'hui avec le chemin de fer.

Obligée d'emprunter les éclusées pour arriver à Montereau, et de partir de Clamecy ou d'Auxerre avec une tenue de 90 centimètres ou d'un mètre, elle ne profiterait pas du tirant d'eau de la Seine quand elle transporterait des marchandises telles que le charbon de bois, dont le transbordement est impossible, et, lorsque ce transbordement pourrait avoir lieu, les frais qu'il entraînerait et les dépenses de traction à la descente compenseraient, et au delà peut-être, l'économie qu'elle trouverait à la remonte. Il faut également noter que l'arrivée simultanée à Montereau de quarante ou cinquante bateaux présenterait, dans la pratique, quelques difficultés pour l'ordre de passage à la première écluse. Quels seront les bateaux qui seront éclusés les premiers? Suivra-t-on l'ordre des arrivages? Mais il sera assez difficile de savoir si tel bateau est arrivé avant tel autre. Éclusera-t-on au contraire de préférence ceux qui ont un remorqueur ou des chevaux tout prêts à la sortie de l'écluse?

Quelle que soit la mesure adoptée par l'Administration, il y aura des récriminations et des plaintes.

Malgré ces inconvénients, qui ne disparaîtront qu'au moment où la navigation sera continue sur toute la ligne, le système dont nous vous entretenons rendrait de tels services à la marine du Nord, de la basse Seine et des canaux du centre, dont les bateaux pourraient prendre des marchandises en retour, que l'intérêt des entrepreneurs de l'Yonne disparaîtrait devant l'intérêt général.

Malheureusement, Messieurs, ces deux barrages de Suresnes et de l'intérieur de Paris ne sont pas construits, et, dans l'état actuel des choses, la fermeture des barrages de la haute Seine présenterait les plus grands inconvénients. Remarquez, Messieurs, que, depuis le Port-à-l'Anglais jusqu'à La Briche-Saint-Denis, la navigation montante ou descendante n'a absolument lieu pendant les mois des plus basses eaux, c'est-à-dire pendant les mois d'août, de septembre et d'octobre, qu'à l'aide des crues factices produites par les éclusées de l'Yonne, que ces éclusées sont même nécessaires pour que les nombreux bateaux du Nord puissent franchir la première écluse du canal Saint-Denis, et que, si elles étaient supprimées, il y aurait dans toute la batellerie de la Seine et du Nord une perturbation dont la gravité ne saurait être contestée. Remarquez aussi que la privation des éclusées ne permettrait plus aux bateaux descendants de l'Yonne, de la Seine ou des canaux, de se rendre aux ports situés à l'aval de Paris, ni même de franchir l'écluse du canal Saint-Martin. Ils pourraient à peine arriver avec une faible tenue de 80 centimètres ou d'un mètre aux ports de Bercy ou de la Gare.

L'absence d'éclusées serait donc aussi préjudiciable aux intérêts de la navigation de la haute Seine et de ses affluents qu'à ceux de la batellerie du Nord et de la basse Seine. Or, Messieurs, il est reconnu par tous les hommes pratiques et par MM. les Ingénieurs que si une éclusée venant d'Auxerre doit passer sur les douze barrages de la Seine, elle sera sans force à son arrivée à Paris. Elle aura été diminuée en route par l'imbibition dans les terres, par l'évaporation et par le remplissage des biefs; elle aura été allongée et pour ainsi dire laminée en passant sur les douze obstacles qu'elle aura rencontrés, et, pour traduire notre pensée en chiffres, si, en venant à Paris, elle eût produit une crue factice de 25 centimètres pendant douze heures, en passant sur les barrages elle en produirait une de 2 centimètres pendant trente-six heures.

Ce résultat aurait une telle gravité qu'il nous paraît impossible de proposer à l'Administration la fermeture des barrages de la haute Seine avant l'exécution des travaux qui doivent donner un tirant d'eau constant de 1 mètre 60 centimètres de La Briche au Port-à-l'Anglais.

Reste le troisième système, dont le but est d'utiliser certains barrages pour reformer les éclusées. Ce mode est celui qui est demandé par le plus grand nombre des personnes que nous avons entendues ou qui nous ont fait parvenir leur avis. C'est aussi celui que l'Administration se proposait d'appliquer lorsqu'en 1859 elle mit aux enquêtes le projet de construction de trois barrages sur la haute Seine, à Évry, à Melun et à Champagne.

L'Yonne et la Seine font partie de la grande voie de navigation du Havre et du nord de la France à Marseille, et ces deux rivières formaient une lacune qui devait disparaître plus tard; mais en attendant l'Administration voulait améliorer la navigation intermittente en construisant trois barrages entre Montereau et Paris.

« En résumé, disait M. l'Ingénieur en chef de la haute Seine, « dans son mémoire du 31 mars 1859, les trois barrages éclusés de « Champagne, Melun et Évry ont pour but principal de réaliser « d'une manière certaine les avantages que l'on se proposait, en « 1846, de retirer des éclusées, en gouvernant la marche de leurs « flots. Le tirant d'eau que l'on obtiendra au moyen de la réaction « de ces barrages sur les flots sera, au minimum, de 1 mètre à la « descente.

« La remonte des bateaux ne sera pas entravée par la manœuvre « de ces barrages parce qu'ils seront accompagnés d'écluses assez « grandes pour contenir un trait ordinaire de bateaux halés par des « chevaux ou quatre bateaux marnois attachés à un remorqueur à « vapeur, etc. . . . .

« . . . .

« La construction des trois barrages-écluses, dont il vient d'être « question, contribuera puissamment à l'amélioration des conditions « dans lesquelles se fait actuellement la navigation descendante,

« mais elle ne créera aucun changement utile en faveur de la navi-
« gation montante et de la batellerie à vapeur, et, sans un change-
« ment radical dans la situation de la navigation montante, la haute
« Seine ne procurera jamais au commerce tout les avantages qu'il
« a le droit d'en attendre. »

Depuis l'époque où M. Chanoine écrivait ce mémoire, de grands travaux ont été entrepris sur la haute Seine et sur l'Yonne pour faire disparaître la lacune que formaient les deux rivières; mais les travaux ne sont terminés ni sur l'une ni sur l'autre. L'édifice est commencé, mais il n'est pas achevé.

Nous sommes encore dans l'état *provisoire* que l'Administration voulait améliorer en construisant sur la haute Seine trois barrages destinés à fonctionner avec l'éclusée jusqu'au moment de la canalisation complète de l'Yonne et de la Seine, mais destinés aussi à faire partie plus tard du plan d'ensemble dont l'exécution doit donner à la batellerie, sur la grande ligne du Havre à Marseille, un tirant d'eau constant de 1^{m} 60 au minimum. Tant que nous serons dans cet état provisoire, il ne sera pas possible d'utiliser les ouvrages terminés d'une manière autre que celle qui avait été prévue par l'Administration en 1859. Il ne sera pas possible de faire autre chose que de se servir de deux ou trois barrages pour réagir sur le flot de l'éclusée ; mais il n'en résultera pas moins une amélioration réelle pour la batellerie ; car les lâchures produiront à Paris et entre Montereau et Paris tout leur effet utile. Nous croyons pouvoir affirmer que si elles donnent, sans le secours des barrages de la haute Seine, une crue de 25 centimètres à Paris, elles en produiront une de 35 centimètres si deux ou trois barrages ont reformé le flot entre Montereau et Paris. Nous n'entrerons pas ici dans les détails des manœuvres à faire, nous indiquerons seulement le barrage de Champagne comme devant être manœuvré afin de permettre aux bateaux du canal du Loing de sortir en Seine avant l'arrivée du flot.

Nous croyons également qu'il serait bon de faire coïncider l'arrivée des deux flots de l'Yonne et de la petite Seine à Montereau, afin de donner une plus grande force à l'éclusée.

Nous pensons que vous devez recommander ces deux points à l'attention de MM. les Ingénieurs. Ils feraient pour tout le reste ce qui leur paraîtrait le plus convenable et le plus utile.

Une objection sera faite au système que nous vous proposons : si des retenues sont pratiquées entre Paris et Montereau pour réagir sur le flot, ne sera-t-il pas à craindre que les affameurs soient plus sensibles dans Paris et en aval? Cette objection, messieurs, nous touche peu par ce motif bien simple que, pendant les mois d'août, de septembre et d'octobre, la navigation pour les bateaux chargés n'a jamais lieu que pendant le passage des éclusées. Il importe peu que, le reste du temps, le mouillage de la Seine ait 2 ou 3 centimètres de plus ou de moins. Nous croyons d'ailleurs que si le barrage d'Évry était le dernier fermé et s'il n'était manœuvré que peu d'heures avant l'arrivée du flot, l'affameur qui précède l'arrivée de l'éclusée ne serait pas plus grande que dans l'état actuel des choses.

En résumé, Messieurs, nous pensons que la Commission doit proposer à Son Excellence le Ministre de décider :

1° Que les barrages de la haute Seine ne serviront qu'à reformer le flot de l'éclusée tant que la Seine entre Saint-Denis et le Port-à-l'Anglais n'aura pas un mouillage constant de 1 mètre 50 centimètres au minimum, c'est-à-dire tant que les deux barrages de Suresnes et de Paris ne seront pas construits ;

2° Qu'au moment où ce tirant d'eau sera obtenu, les barrages de la haute Seine seront fermés après la saison du flottage.

Nous croyons aussi, Messieurs, qu'il sera très-utile d'insister auprès de M. le Ministre pour que les barrages de Suresnes et de Paris soient commencés et terminés le plus tôt possible, et pour que les travaux de l'Yonne soient poussés avec la plus grande activité.

Nous avons fait tous nos efforts, Messieurs, pour éclairer la question que vous avez confiée à notre examen. Nous sommes fermement convaincus que le parti dont nous vous proposons l'adoption est le plus sage et le plus conforme aux véritables intérêts de la batellerie.

RAPPORT DE LA COMMISSION

A Son Excellence le Ministre de l'Agriculture, du Commerce et des Travaux publics.

Monsieur le Ministre,

Votre Excellence a adressé, le 8 mars 1865, à M. Chanoine, Ingénieur en chef de la haute Seine, une lettre par laquelle vous lui annoncez que vous approuvez la formation et la composition d'une Commission chargée de vous donner son avis sur toutes les questions relatives au projet de mise en activité des douze barrages construits sur la haute Seine, entre le Port-à-l'Anglais et Montereau, et d'indiquer les modifications qu'il paraîtrait utile d'y introduire dans l'intérêt soit de la navigation, soit du flottage.

M. Chanoine qui, après avoir été le collaborateur de MM. les Ingénieurs de l'Yonne, a rendu à la navigation de la haute Seine des services si incontestables, a cherché les moyens de faire profiter, dès à présent, le commerce et la batellerie des avantages d'une canalisation partielle. Sans se dissimuler les nombreuses difficultés du problème qu'il voulait résoudre, il a pensé qu'il serait possible de donner satisfaction à tous les intérêts en adoptant les dispositions suivantes :

1° Les barrages de la haute Seine seront fermés quand cette rivière n'aura plus que 1 mètre 40 centimètres de mouillage sur ses hauts fonds;

2° Pendant la saison du flottage, si les trains venant de l'Yonne arrivent en nombre tel qu'il y ait lieu de craindre un encombrement, on facilitera la descente de ces trains en ouvrant successivement tous les barrages, à l'exception de celui du Port-à-l'Anglais, qui restera constamment fermé.

La Commission a examiné avec le plus grand soin les propositions de M. Chanoine; elle a consulté MM. les Ingénieurs de la haute et de la basse Seine, et elle a ouvert une enquête dans laquelle les entrepreneurs de flottage, les mariniers des rivières et canaux aboutissant à la haute Seine ont été entendus.

La tâche de la Commission a été rendue facile par l'empressement que MM. les Ingénieurs ont mis à lui donner des renseignements, et par la presque unanimité des déclarations qui ont été faites et des vœux qui ont été exprimés par les intéressés.

Parmi les personnes dont les avis ont été recueillis aucune n'a demandé que les barrages soient fermés dès que l'état de la rivière libre ne permettra pas de naviguer à une tenue de 1 mètre 40 centimètres. Une pétition dans ce sens a bien été envoyée à la Commission, mais elle n'a été signée que par des entrepreneurs de la Saône, qui ne naviguent pas habituellement sur la haute Seine et qui sont à peu près sans intérêt dans la question.

Tous les entrepreneurs et mariniers de l'Yonne, du Nivernais, du canal de Bourgogne et des canaux d'Orléans, de Briare et du Loing sont, au contraire, d'accord sur les graves inconvénients et sur les dangers que cette mesure présenterait pendant la saison du flottage, c'est-à-dire du 1er mai au 1er août de chaque année.

A cet égard, quelques explications sont nécessaires.

Les travaux qui doivent relier la haute Seine aux canaux de Bourgogne et du Nivernais ne sont pas terminés, et tant que l'Yonne ne sera pas canalisée, la navigation sur cette rivière continuera à être intermittente et à n'avoir lieu qu'à l'aide des lâchures, pendant une grande partie de l'année.

Du 1er mars au 1er août le flottage a une importance considérable; pendant ces trois mois, douze ou treize cents trains descendent par flottes de cinquante à soixante, et il est évident que, si la rivière n'était plus libre à partir de Montereau, l'arrivée simultanée et subite sur ce point d'une aussi grande quantité de trains, jointe à un nombre égal de bateaux, produirait des encombrements fréquents.

M. l'Ingénieur en chef indique dans son rapport la série de manœuvres qui devraient avoir lieu pour faire cesser ces encombrements ; mais il admet d'abord qu'un certain nombre de trains feront comme les bateaux et franchiront successivement toutes les écluses jusqu'à Paris.

Il est certainement possible de faire passer les trains par les écluses, mais la question est de savoir à quelles conditions cela est possible.

Les flotteurs ne se dirigent qu'à l'aide de bâtons ou perches, dont un bout est posé au fond de l'eau et dont l'autre est placé sous le bord du train ; par ce moyen, le train se soulève et se jette à droite ou à gauche, du côté opposé à la perche, mais il ne peut pas être soulevé par les bâtons et prendre la direction que les flotteurs veulent lui imprimer, s'il n'est pas poussé par un courant rapide ou, à défaut de courant, s'il n'est pas tiré par une force qui l'entraîne.

En supposant donc que la rivière soit canalisée, que le courant soit arrêté de Montereau à Paris, ces trains ne pourraient plus descendre au fil de l'eau, car non-seulement ils resteraient indéfiniment en route ; mais, poussés par le vent, sans pouvoir être maintenus ni dirigés, ils se jetteraient sur les bateaux montants ou descendants qu'ils rencontreraient.

Ils serait donc absolument indispensable de les faire tirer, *sur toute la ligne*, par un système quelconque de halage ou de remorquage. Les dépenses de toute nature que cette traction occasionnerait équivaudraient à peu près à une impossibilité d'amener des bois flottés à Paris.

Quoiqu'il en soit, et en supposant même, ce qui paraît inadmissible, que des flotteurs fassent descendre quelques trains par les écluses, l'encombrement, produit par l'arrivée simultanée des trains et des bateaux, sera encore fréquent à Montereau. M. l'Ingénieur propose alors d'ouvrir successivement chaque barrage. Il suppose que celui de Varennes, par exemple, est ouvert, que les trains et les bateaux garés à Montereau franchissent la passe et viennent s'amarrer à 500 mètres en amont de la Madeleine, puis, qu'au moment où l'eau s'est abaissée, à Varennes, à 1 mètre au-dessus du seuil, la passe est fermée et que le barrage de la Madeleine est à son tour immédiatement ouvert; il suppose enfin que les trains qui n'ont pas pu profiter du flot de Varennes restent en gare à Montereau pour attendre la lâchure suivante ou pour passer par les écluses.

Ces manœuvres rencontreront dans la pratique de très-grandes difficultés.

Beaucoup de trains de bois garés à Montereau s'échoueront au moment où l'eau s'échappera violemment par la passe, et ne pourront être remis à flot que lorsque le bief aura été rempli; d'autres auront leurs amarres brisées par le brusque déplacement du volume d'eau. Comme le barrage ne sera guère baissé que pendant deux heures et qu'il sera relevé au moment précis où l'eau sera descendue à 1 mètre au-dessus du seuil, tous les trains qui seront en manœuvre au moment du signal donné pour la fermeture de la passe devront s'arrêter.

Comment feront-ils s'ils sont à 50 mètres du barrage?

N'est-il pas à craindre qu'ils ne viennent se jeter sur la passe?

Quant à ceux qui auront eu le temps de profiter du flot de Varennes, ils devront s'arrêter et se garer à 500 mètres en amont de la Madeleine pour attendre, pendant une heure ou deux, l'ouverture de ce second barrage; s'ils veulent se remettre en route avec le flot de la Madeleine, ils ne pourront pas s'amarrer à terre; ils seront obligés de rester au milieu du chenal; ils devront donc être pourvus des ancres, des cordes et des agrès qu'ils n'ont pas aujourd'hui.

Ils jetteront leur ancre à 600 mètres de la passe; cette manœuvre, si elle réussit pour quelques trains, manquera pour d'autres, et ceux-là viendront se jeter sur le barrage.

Enfin, en admettant que tous les trains et tous les bateaux qui encombrent le bief de Varennes viennent sans accident s'amarrer en amont de la Madeleine, et que les manœuvres se renouvellent pour chaque barrage jusqu'à Paris, on n'aura fait que déplacer l'encombrement, et la navigation sera arrêtée successivement dans chaque bief.

Une autre observation est à faire. Si, pour livrer passage aux trains de bois, les barrages sont ouverts deux fois par mois, il se produira, après chaque manœuvre, des affameurs dont il est impossible de préciser la durée, mais qui, pour les biefs d'aval, seront considérables. Ainsi, étant admis que huit ou dix heures soient nécessaires pour remplir le bief de Varennes, celui de Melun, qui ne pourra être rempli qu'après ceux de Varennes, de la Madeleine, de Champagne, de Samois et de la Cave, ne sera pas affamé pendant moins de deux jours.

La navigation de Paris à Montereau se trouvera donc interrompue sur un point par l'encombrement et sur un autre point par le manque d'eau.

Ainsi, tant que l'Yonne ne sera pas canalisée, tant que la navigation sur cette rivière sera intermittente, il sera aussi contraire aux intérêts de la navigation qu'à ceux du commerce des bois de fermer la rivière pendant la saison du flottage.

A partir du mois d'août, les inconvénients qui viennent d'être signalés n'existent plus, et les trains de bois ne font plus obstacle à la levée des barrages.

Cependant les entrepreneurs de transports de l'Yonne et du Nivernais demandent, pour la plupart, que la rivière continue d'être libre, même après cette époque. Les motifs de cette demande sont faciles à comprendre.

Pendant la plus grande partie de l'année les bateaux ne descendent l'Yonne qu'à l'aide des éclusées ou lâchures venant de la haute Yonne, de la Bure et du réservoir des Settons. Cette navigation a ses avantages et ses inconvénients, la navigation continue lui est incontestablement préférable ; mais ces deux systèmes ne peuvent pas se concilier et se combiner l'un avec l'autre.

Si un bateau part de son port de chargement à l'aide d'une lâchure, si cette lâchure peut facilement le conduire jusqu'à destination, il lui importe beaucoup de ne pas être arrêté en route par des barrages et des écluses qui n'ajoutent rien à sa recette et qui augmentent ses dépenses.

Aujourd'hui la batellerie descendant de l'Yonne n'a pas de

dépenses de traction à faire; elle vient à Paris en deux ou trois jours, et pour ainsi dire sans frais; elle doit donc désirer conserver ce double avantage de l'économie et de la vitesse, qui lui permet de lutter avec le chemin de fer. — Plus tard, quand les travaux de l'Yonne seront terminés, quand les bateaux pourront partir d'Auxerre avec un chargement de 1 mètre 60 centimètres et qu'ils seront certains de trouver partout un mouillage suffisant, si les mariniers ont des dépenses de traction à supporter, s'ils ne voyagent pas avec la même rapidité, ils trouveront dans un surcroît de chargement et dans une diminution de frais à la remonte une compensation aux dépenses et aux retards qu'entraînera le nouveau mode de navigation.

Jusqu'à cette époque, obligés d'emprunter les éclusées pour arriver à Montereau, et de partir de Clamecy ou d'Auxerre avec une tenue de 90 centimètres ou d'un mètre, ils ne pourraient profiter de l'augmentation du mouillage de la Seine qu'en transbordant, c'est-à-dire en mettant par exemple sur deux bateaux le chargement de trois. Mais pour certaines marchandises telles que le charbon de bois, le transbordement est impossible; et pour celles qu'une manutention ne détériore pas, les frais que le transbordement occasionnerait et les dépenses de traction à la descente compenseraient et au delà l'économie qui serait faite à la remonte.

Il faut noter aussi que l'arrivée simultanée à Montereau d'un grand nombre de bateaux amenés par les lâchures de l'Yonne créera de grands embarras pour l'ordre de passage dans les écluses.

Quels seront les bateaux éclusés les premiers? Suivra-t-on l'ordre des arrivages? Mais il sera à peu près impossible de savoir si tel bateau est arrivé avant tel autre.

Eclusera-t-on au contraire de préférence ceux qui auront un remorqueur ou des chevaux tout prêts à la sortie de l'écluse?

Quelle que soit la mesure adoptée, on rencontrera des récriminations et des plaintes.

D'un autre côté, beaucoup de bateaux éprouveront des retards considérables, car il ne sera pas possible d'avoir à Montereau un assez grand nombre de remorqueurs ou de chevaux pour traîner tous les bateaux qu'une éclusée aura amenés.

Il est donc évident que les mariniers de l'Yonne et du Nivernais seront, tant que les travaux de leurs cours d'eau ne seront pas achevés, intéressés au maintien de la navigation intermittente jusqu'à Paris.

Toutefois, s'ils étaient seuls opposés quant à présent au système de la navigation continue, si la canalisation de la haute Seine devait profiter à la marine des canaux du centre, à celles de la haute et de la basse Seine, du nord, etc., l'avantage qu'elle présenterait au commerce et à la nombreuse batellerie qui fréquente ces lignes serait tel que l'intérêt des mariniers de l'Yonne disparaîtrait devant l'intérêt général.

Mais, dans l'état actuel des choses, la fermeture des barrages de la haute Seine présenterait pour tous les plus grands inconvénients.

Du Port-à-l'Anglais à La Briche-Saint-Denis les travaux de canalisation ne sont pas faits, et, pendant les basses eaux, c'est-à-dire pendant les mois de juillet, d'août, de septembre et d'octobre, la navigation montante et la navigation descendante n'ont lieu qu'à l'aide des crues factices produites par les éclusées de l'Yonne.

Si ces éclusées étaient supprimées, les bateaux qui remontent de Saint-Denis vers Paris ne pourraient plus se rendre à destination qu'en s'allégeant au moins des trois quarts de leurs chargements. Les vapeurs de la basse Seine pourraient à peine venir à vide aux divers ports de l'intérieur de Paris ; les remorqueurs ne pourraient plus naviguer, et les paquebots de Londres à Paris seraient obligés de suspendre leur service.

Il faut ajouter que, dans l'état actuel des choses, c'est-à-dire jusqu'à l'achèvement des travaux de Bezons, les lâchures sont nécessaires pour que les nombreux bateaux du nord qui ont la Villette pour destination puissent franchir la première écluse du canal Saint-Denis.

Enfin les éclusées sont également indispensables pour les bateaux de la haute Seine, de l'Yonne et des canaux du Centre qui, sans le flot, seraient obligés d'alléger au Port-à-l'Anglais, et ne pourraient se rendre qu'avec un faible tirant d'eau de 80 centimètres ou d'un mètre aux ports du canal Saint-Martin, de Bercy ou de la Gare.

Or, il est reconnu par MM. les Ingénieurs et par tous les hommes pratiques que, si un flot venant d'Auxerre trouve la rivière fermée à Montereau et passe sur douze barrages, il sera sans force à son arrivée à Paris. Il aura été diminué en route par l'imbibition dans les terres, par l'évaporation et par le remplissage des biefs. Il aura été allongé et pour ainsi dire laminé en franchissant les douze obstacles qu'il aura rencontrés, en un mot, si en venant directement à Paris le flot eût produit une crue de 25 centimètres pendant douze heures, en passant sur les barrages il en produirait une de 2 centimètres pendant 36 heures.

Ce résultat aurait une telle gravité qu'il paraît impossible de songer à lever les barrages avant l'exécution des travaux qui doivent donner un tirant d'eau constant de 1 mètre 60 centimètres, de La Briche au Port-à-l'Anglais.

Les barrages de la haute Seine ne produiront-ils donc aucune utilité en attendant la fin de la canalisation?

La Commission pense qu'ils pourraient rendre de grands services s'ils servaient à reformer les éclusées. C'est le vœu de presque tous les intéressés. C'est le but que l'Administration voulait atteindre, lorsqu'en 1859 elle mettait aux enquêtes le projet de construction de trois barrages sur la haute Seine, à Evry, à Melun et à Champagne.

« Les trois barrages éclusés de Champagne, Melun et Evry, disait « M. l'Ingénieur en chef dans son rapport du 31 mars 1859, ont pour « but principal de réaliser d'une manière certaine les avantages que « l'on se proposait en 1846 de retirer des éclusées en gouvernant la « marche de leurs flots. Le tirant d'eau que l'on obtiendra, au « moyen de la réaction de ces barrages sur les flots, sera au mini- « mum d'un mètre à la descente.

« La remonte des bateaux ne sera pas entravée par la manœuvre « de ces barrages, parce qu'ils seront accompagnés d'écluses assez

« grandes pour contenir un trait ordinaire de bateaux halés par des « chevaux ou quatre bateaux marnois attachés à un remorqueur à « vapeur, etc. . . . .

. . . .

« La construction des trois barrages éclusés dont il vient d'être « question contribuera puissamment à l'amélioration des conditions « dans lesquelles se fait actuellement la navigation descendante, « mais elle ne créera aucun changement utile en faveur de la navi- « gation montante et de la batellerie à vapeur, et, sans un change- « ment radical dans la situation de la navigation montante, la haute « Seine ne procurera jamais au commerce tous les avantages qu'il « a le droit d'en attendre. »

Depuis l'époque où M. Chanoine écrivait ce rapport, de grands travaux ont été éxécutés, d'autres ont été projetés ou commencés ; mais tout ne pouvait se faire en même temps. Il n'était pas possible d'espérer qu'une œuvre aussi importante et aussi coûteuse que celle de la canalisation de la basse Seine, de la haute Seine et de l'Yonne serait terminée en quelques années. L'entreprise est commencée, elle sera bientôt achevée. Mais, en attendant, il ne serait pas sage, pour donner à ce qui existe une apparence d'utilité, de compromettre de la manière la plus grave les intérêts que l'Administration veut au contraire soutenir et protéger.

Des objections peuvent être faites au système que la commission propose.

Les affameurs ne seront-elles pas plus sensibles à Paris que si la rivière était libre sur toute la ligne ? La remonte ne sera-t-elle pas plus difficile ?

Ces inconvénients existeront sans doute ; mais il ne faut pas en exagérer l'importance.

D'une part, à l'exception du barrage de Champagne, qui devra être levé dix ou douze heures avant l'arrivée de l'éclusée, afin de permettre aux bateaux du Loing de sortir assez tôt du canal pour pouvoir profiter de la lâchure, il ne sera nullement utile de manœuvrer les autres barrages plus de deux ou trois heures avant le flot. Il ne sera pas utile non plus de se servir des barrages voisins de Paris.

En prenant cette double précaution, on n'augmentera pas les affameurs d'une manière notable.

D'ailleurs il ne faut pas oublier que, pendant la saison des basses eaux, la navigation montante ou descendante n'a jamais lieu que les jours de lâchures. Il importe donc peu qu'il y ait en Seine deux ou trois centimètres de moins dans l'intervalle des éclusées, puisqu'à l'exception des bateaux vides aucune embarcation ne circule ni en remonte ni en descente.

Enfin, tant que la rivière ne sera pas canalisée entre Saint-Denis et le Port-à-l'Anglais, la navigation montante de la haute Seine, des canaux et de l'Yonne continuera à être sans importance, et, quel que soit le mode de mise en activité des barrages, elle n'en retirera aucun avantage.

La commission est donc d'avis que le moment n'est pas venu de substituer à la navigation intermittente de la Seine une navigation continue; elle croit qu'il faut se borner, quant à présent, à faire fonctionner deux ou trois barrages avec l'éclusée de manière à reformer successivement le flot lorsqu'il a parcouru une trop grande distance pour produire tout son effet utile.

Ce n'est point à la Commission d'indiquer les barrages qu'il conviendrait de manœuvrer pour obtenir le meilleur résultat; elle se borne à demander qu'il y ait fixité dans le choix de ceux qui seront destinés à réagir sur le flot. Il y aurait pour la marine les plus graves inconvénients à ce que l'on manœuvrât tantôt un barrage et tantôt un autre.

La Commission demande également que les lâchures de la petite Seine coïncident à Montereau avec celles de l'Yonne, de manière à donner, de Montereau à Paris, le plus fort tirant d'eau possible.

En résumé, la Commission a l'honneur, Monsieur le Ministre, de proposer à Votre Excellence les dispositions suivantes :

1° Les barrages de la haute Seine serviront seulement à réagir sur le flot de l'Yonne tant que la canalisation ne sera pas terminée entre Saint-Denis et le Port-à-l'Anglais ;

2° Aussitôt que les travaux qui doivent donner un tirant d'eau constant de 1 mètre 60 centimètres, de Saint-Denis au Port-à-l'Anglais, auront été effectués, les barrages de la haute Seine seront fermés après la saison du flottage, c'est-à-dire après le 1er août ;

3° Lorsque les travaux de l'Yonne seront terminés et qu'il sera possible de substituer sur cette rivière la navigation continue à la navigation intermittente, de manière à permettre à un bateau de descendre d'Auxerre à Montereau, comme de Montereau à Paris, avec un tirant d'eau constant de 1 mètre 60 centimètres, les barrages de la haute Seine seront mis en complète activité.

Nous avons fait tous nos efforts, Monsieur le Ministre, pour éclairer la question que vous avez bien voulu confier à notre examen. Nous sommes fermement convaincus que les dispositions que nous avons l'honneur de vous proposer sont conformes aux véritables intérêts de la batellerie et aux vœux, sinon de l'unanimité, au moins de la très-grande majorité des intéressés. Mais nous serons aussi les interprètes des vœux de tous en demandant instamment à Votre Excellence de faire poursuivre avec la plus grande activité la canalisation de l'Yonne entre Auxerre et Montereau, et de la Seine entre le Port-à-l'Anglais et La Briche-Saint-Denis, afin que la batellerie reste le moins longtemps possible dans l'état provisoire dont nous sommes obligés de reconnaître la nécessité.

Enfin, Monsieur le Ministre, nous croyons devoir appeler votre attention sur l'état du canal du Nivernais et du canal du centre, dont le tirant d'eau est loin d'être en harmonie avec celui de 1 mètre 60 centimètres que l'Yonne et la Seine doivent prochainement avoir :

ces canaux fournissent une grande partie de l'aliment des deux rivières auxquelles ils aboutissent, et, tant qu'ils ne seront pas améliorés, les importants travaux exécutés ou en cours d'exécution ne produiront pas toute l'utilité que la batellerie et le commerce pourraient en retirer.

Nous sommes avec respect, Monsieur le Ministre, de Votre Excellence les très-humbles et très-obéissants serviteurs.

(Suivent les signatures.)

47171 Paris. — Imp. Renou et Maulde, rue de Rivoli, 144.

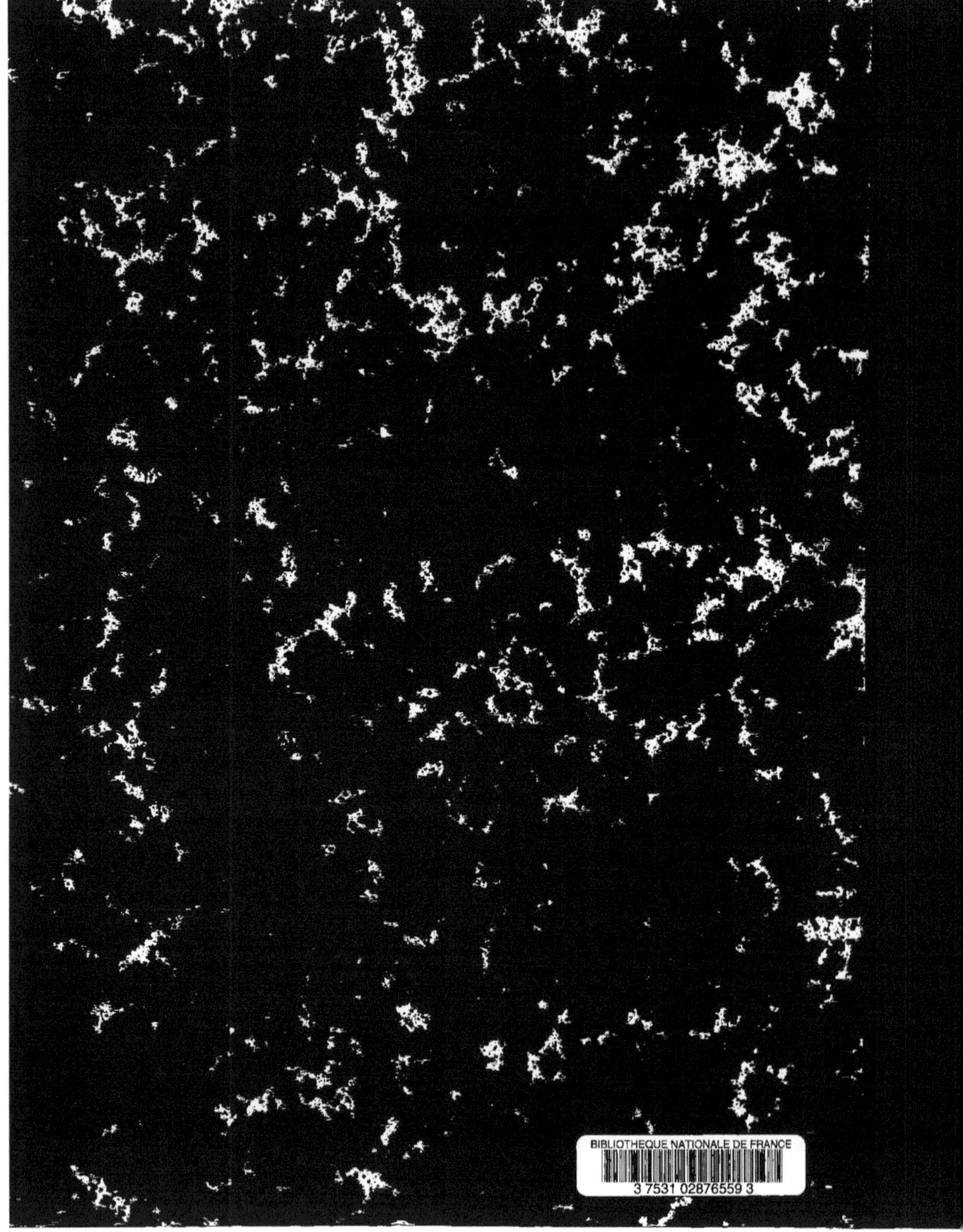

www.ingramcontent.com/pod-product-compliance
Ingram Content Group UK Ltd.
Pitfield, Milton Keynes, MK11 3LW, UK
UKHW021110200726
13857UKWH00003B/1156